岐路に立つラジオ

コミュニティＦＭの行方

米村 秀司

ラグーナ出版

はじめに

日本で初めてコミュニティFMが放送を開始したのは平成四年一二月二四日、函館市に開局した「FMいるか」で、以来今日までに約三〇〇のコミュニティFM局が開局（平成二六年七月一〇日現在）している。しかし経営はどこも苦しく、各局苦戦を強いられている。にもかかわらず、なぜ各地でコミュニティFMの開局が続くのか？

情報発信による地域の活性化、地域の防災機能の強化などが主な理由として挙げられている。しかし放送局を経営するためには大前提として健全な財務内容が必要なことが忘れ去られている。

その結果、開局はしたものの数年後には廃局を余儀なくされるという事態が各地で発生している。

「放送局の経営者になれる」という美名に誘われ出資し開局させたものの、人件費の支払いさえ困難な状態で放送を続けているコミュニティFMも一部にある。

改正放送法ではコミュニティFMは基幹放送局として位置づけられ、地上波の県域放送局と同様の枠組みのなかで、法令順守や機材の整備が求められた。

私がかつて勤めた県域のテレビ局（ＫＴＳ鹿児島テレビ放送）は売上高が年間約五〇億円から五五億円、経常利益が約三億円から四億円であったが、現在勤めているコミュニティＦＭ（鹿児島シティエフエム）は売上額が約一億円弱、経常利益が約三〇〇万円である。売上高で五〇分の一、経常利益で一〇〇分の一の経営規模である。

つまり県庁所在地のコミュニティＦＭでさえも県域の放送局とは比較にならない大きな経営格差がある。

例えば「大相撲の横綱と中学校の相撲部員が同じ土俵で相撲をとる」ような経営規模が違うなかで法的な規制は同じように敷かれた。

公共の電波を使う立場からは当然の措置ではあるが、課題も多い。

いかにして売上高を増やし経営基盤を安定させるかは全国のコミュニティＦＭの経営者はもちろん、そこで働く社員やスタッフたちの共通の悩みでもある。

一方、県域ＦＭ局でも赤字経営で苦戦している局がある。これまでは県人口が百万人に満たない局でこの傾向が見られたが、最近では県人口が百万人を超える局でも苦戦し、資本金を減資するなどして財務の改善を余儀なくされている。

県域ＦＭ局やコミュニティＦＭが抱える問題と今後の経営の在り方などを探る。

岐路に立つラジオ——目次

第一章

第二章

第三章

第四章

第一章

ラジオ放送の開始前夜

今から九〇年前の大正一四年三月二二日、当時の東京放送局（ＪＯＡＫ）が日本で初めてラジオ放送を開始した。アメリカでラジオ放送が開始されたのは大正九年一一月八日であるから、日本はアメリカより五年遅れでラジオ放送が始まった。

ラジオというニューメディアに対して一番早く反応したのは新聞で、新聞社は自らラジオの実験放送に取り組み始めた。ラジオは速報性と娯楽性を家庭のなかに配信する。このラジオの機能は新聞社にとって脅威であった。このため新聞社は新聞発行とは別に新規事業としてラジオ放送を始めた。

ニュースを速報できるというラジオの特性は新聞社にとっても有効な事業であった。

各地の新聞社が実験放送に取り組んだが、大阪毎日新聞社は日本での正式な放送開始の二年前の大正一二年四月一八日から約一カ月間、実験放送をおこなった。そして新聞の紙面と連動させ、番組の出演者やスタジオ見学者の様子を連日報道した。いわゆる新聞とラジオのメディアミックスの原点である。

東京朝日新聞
白衣連中を仰天させた
富士山上のラヂオ試験
石室の夜に妙を極めた新古の對照
折も折とて驚かした警報

東京朝日新聞（大正14年８月15日）

富士山での東京放送局（ＮＨＫの前身）の受信実験の模様は大正一四年八月一五日、東京朝日新聞により詳しく報道されている。富士山七合目でラジオを聴く二〇数人の白衣姿関係者の写真を入れ「白衣連中を仰天させた富士山上のラヂオ試験」という見出しで大きく掲載している。

　また京都大学総長で理学博士の新城新蔵氏は東京朝日新聞に「ラジオ文明」というコラムを連載し「ラジオは地方自治体や公共団体が経営をすべきである」と主張。ラジオ公営論の背景には大阪地区では出願者が乱立し、まとまらなかったためと新名直和氏が昭和四二年一月号の「放送文化」で証言している。新名直和氏は東京放送局の常務理事として後藤新平の開局演説にも立ち会っている。

　さらに新城氏は「レコードが今日の印刷物のように軽便になり、蓄音器とラジオが左右のポケットに携帯できるようになれば、文字に頼らない文明が長足の進歩をみるであろう」と述べている。そして九〇年後の現代はスマートフォンの登場により、ラジオ放送、テレビ放送、音楽聴取、写真、電話、メール、インターネット検索など、新城新蔵氏の予測をはるかに超えた大きな進歩を遂げている。

一方、サンデー毎日は大正一四年三月二九日号で「ラジオを聴くには～放送無電受話装置の手続き～」というタイトルでラジオ放送を聴く手順を紹介しているが、ラジオ放送を聴くため

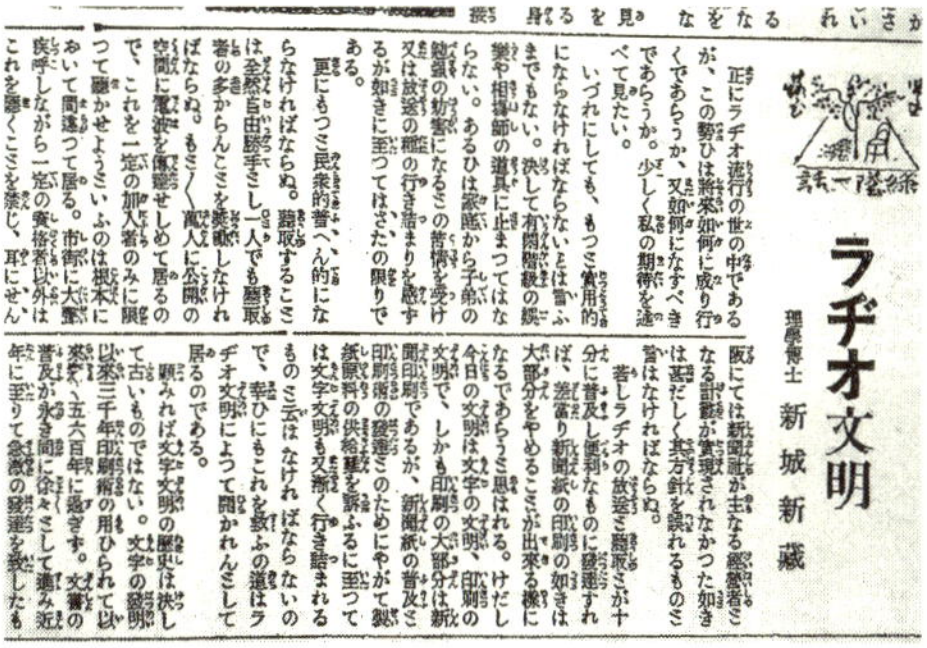

ラヂオ文明

理學博士　新城新藏

正にラヂオ流行の世の中であるが、この勢ひは將來如何に成り行くであらうか、又如何になすべきであらうか。少しく私の期待を述べて見たい。

いづれにしても、もつと實用的にならなければならないとは言ふまでもない。決して有閑階級の娯樂や相撲師の道具に止まつてはならない。あるひは家庭から子弟の勉强の妨害になるとの苦情を受け又は放送の種の行き詰まりを感ずるが如きに至つてはさたの限りである。

更にもつと民衆的普へん的にならなければならぬ。聽取することは全然自由勝手とし一人でも聽取者の多からんことを奨勵しなければならぬ。もと〳〵萬人に公開の空間に電波を傳播せしめて居るので、これを一定の加入者のみに限つて聽かせようといふのは根本において間違つて居る。市街に大聲疾呼しながら一定の資格者以外はこれを聽くことを禁じ、耳にせん

阪にては新聞社が主なる經營者となる計畫が實現されなかつた如きは甚だしく其方針を誤れるものと言はなければならぬ。

若しラヂオの放送と聽取とが十分に普及し便利なものに發達すれば、差當り新聞紙の印刷の如きは大部分をやめることが出來る樣になるであらうと思はれる。けだし今日の文明は文字の文明、印刷の文明で、しかも印刷の大部分は新聞印刷であるが、新聞紙の普及と印刷術の發達とのためにやがて製紙原料の供給難を訴ふるに至つては文字文明も又漸く行き詰まれるものと云はなければならないので、幸ひにもこれを救ふの道はラヂオ文明によつて開かれんとして居るのである。

顧みれば文字文明の歴史は決して古いものではない。文字の發明以來三千年印刷術の用ひられて以來僅々五六百年に過ぎず。文書の普及が永き間に徐々として進み近年に至りて急激の發達を致したも

新城新蔵氏のコラム（東京朝日新聞）

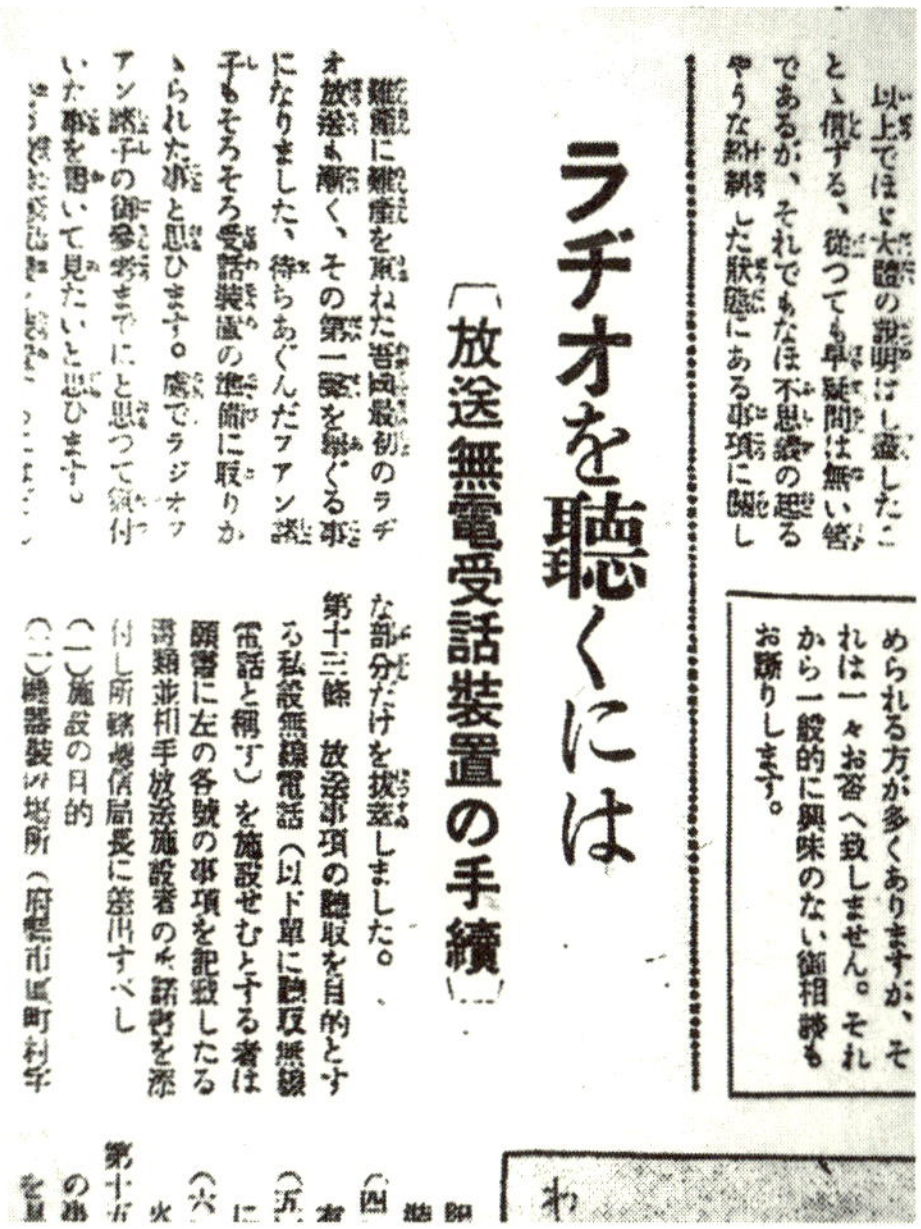

以上ではほゞ大體の説明はし盡したことゝ信ずる、從つても早疑問は無い筈であるが、それでもなほ不思議の起るやうな紛糾した狀態にある事項に關し

められる方が多くありますが、それは一々お答へ致しません。それから一般的に興味のない御相談もお斷りします。

ラヂオを聴くには

〔放送無電受話装置の手續〕

難關に難關を重ねた吾國最初のラヂオ放送も漸く、その第一聲を擧ぐる事になりました、待ちあぐんだファン諸子もそろそろ受話装置の準備に取りかゝられた事と思ひます。處でラジオファン諸子の御參考までにと思つて氣付いた事を書いて見たいと思ひます。

な部分だけを拔萃しました。

第十三條　放送事項の聽取を目的とする私設無線電話（以下單に聽取無線電話と稱す）を施設せむとする者は願書に左の各號の事項を記載したる書類並相手放送施設者の承諾書を添付し所轄遞信局長に差出すべし

（一）施設の目的

（二）機器裝備場所（府縣市區町村字

サンデー毎日（大正14年３月29日号）

に必要な「放送私設無線電話規則」の条文を細かく掲載し規則の順守を促している。

社会にラジオが入り込むことに対する政府の警戒感が記事から伺える。この規制は、現代の「子供たちにインターネットの検索サイトの閲覧を制限する」ことと同じような状況だったのかもしれない。

ラジオ東京（ＴＢＳ）のアナウンサー一期生として入社し、ラジオ東京退職後は放送史研究家として二・二六事件など日本の歴史的な出来事と放送との関わりを研究した竹山昭子さんは初期のラジオ放送について分析している。

この中で竹山さんは、初期のラジオ放送の番組を実況放送と音楽番組の二つに分類し、音楽番組は洋楽番組と邦楽番組に分けて調査。それによると、主な番組は、実況放送では大正一四年一〇月三一日に「天長節祝賀閲兵式」を名古屋の第三師団練兵場から中継放送。昭和二年八月一三日に「全国中等学校野球大会」を甲子園球場から中継放送。同年一〇月一五日に「東京六大学リーグ戦（早稲田対明治）」を神宮球場から中継放送。昭和三年一月一二日から二二日まで「春場所大相撲」を国技館から中継放送している。野球、相撲などのスポーツ中継はこの時期のラジオ放送が原点となっている。

一方、音楽番組のなかで洋楽は放送開始と同じ年の大正一四年三月に誕生した本格的なオーケストラ、日本交響楽協会（ＮＨＫ交響楽団の前身）によるベートーベンの交響曲や陸軍、海軍の軍楽隊による演奏が主体で番組を編成していた。邦楽では義太夫、長唄、琵琶などが放送されていたが、これまでに宮中の行事の時しか演奏されなかった雅楽が宮内省楽部により初めて国民の耳に届けられた。

後藤新平の開局演説

満鉄の初代総裁などを歴任し政治家としてその後の内閣で活躍した後藤新平は、大正一四年三月二二日、東京放送局総裁として開局の挨拶をおこなった。

後藤の演説は一五分にも及ぶ重厚なものであったが、このなかでラジオの機能について次のように言及している。

「さて、諸君、放送の機能は四つの方面から考察する事ができます。

第一は文化の機会均等であります。（中略）老幼男女、各階層相互の障壁を超えてあたかも空気と光線の如くあらゆるものに向かってその電波の恩恵を均等に且つ普遍的に提供するものであります。

第二は家庭生活の革新です。今やラジオを囲んで一家団欒の家庭生活を味わえることができます。

第三は教育の社会化です。耳から各種の学術知識を注入し国民の常識を培養発達させることができます。

第四は経済機能の敏活化です。株式、生糸、米穀の取引市況が最大速力をもって関係者に報道せらるることで一般取引がますます活発になることは申すまでもございません」

後藤のこの演説はラジオが社会を一変させるツールであることを強調したがラジオに報道機能を求めていなかった。

ラジオが、その機能として教養、娯楽、報道の三本柱でなかったのは事実である。

なぜ報道がないのか？

ラジオに報道機能を求めなかったのはラジオ局設立に関与した新聞社との関係が推測される。

新聞社からラジオ局に管理職として送り込まれた理事たちは「ニュース報道は新聞で……」「娯楽はラジオで……」という意識が強く、ニュース番組は新聞社が制作する素材をそのまま流すという形態だった。ＡＭ単営ラジオ局や県域ＦＭ局に報道部門が存在しないのはラジオ開局時のこのような考え方が基本的にあったのかもしれない。

ニュースの放送を新聞社に任せたが、新聞社はニュース番組の制作に積極的に取り組まなかったといわれている。これは新聞社側にラジオ局を敵対視する考えもあり、加えて逓信省が放送用のニュース原稿を事前検閲したため、「報道の自由」を掲げる新聞社側はニュース番組制作に意欲が薄らいでいったようだ。その後ラジオ局は新聞社からのニュース提供を断念し、通信社からニュースを購入して放送を始めた。ラジオ局にジャーナリズムが本格的に芽生えたのはこの頃からである。

昭和六年九月、中国の奉天（現在の瀋陽）郊外で日本軍が南満州鉄道を爆破して武力攻撃を始めた満州事変では、ラジオの速報性が発揮された。満州事変を伝える臨時ニュースはこの日一七回、延べ一時間五分に及んだ。

ラジオが臨時ニュースを放送するため、新聞社は号外を発行できなくなると危機感を強めたが、ラジオは昭和一一年二月二六日に起きた二・二六事件でも「下士官兵に告ぐ。今からでも遅くないから原隊へ帰れ！」と放送を続けたことは歴史に残る放送として記録されている。こ

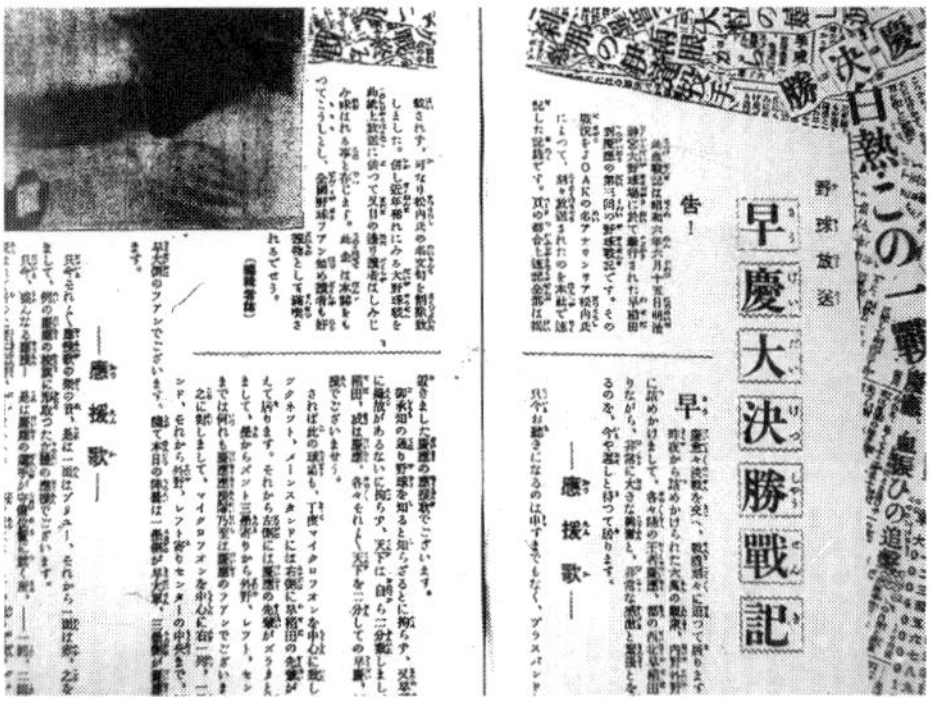
白熱・この一戦
野球放送
告！
早慶大決勝戦記
―應援歌―

オール読物に掲載された早慶大決勝戦記

の放送は今でも東京のＮＨＫ放送博物館で聴くことができる。

　太平洋戦争では国民の戦意高揚のツールとしてラジオが利用され、戦局が悪化してからは空襲警報などの伝達と戦地での玉砕報道に終始した。そして天皇が初めてマイクに向かいラジオで肉声を伝える「玉音放送」で戦争のツールとしてのラジオの役割は終わった。

　一方ラジオの実況放送で人気があったのは早慶戦の野球中継で、東京放送局（ＪＯＡＫ）の松内則三アナの中継放送は国民的な人気を呼んだ。

　文芸春秋社は、菊池寛が編集発行人の月刊誌「オール讀物」で「早慶大決勝戦記」というタイトルで三一頁にわたって松内則三アナの実況コメントを活字化し紹介している。

「早慶いよいよ決戦を交え、戦機刻々と迫っております。昨夜から詰めかけた六万の観衆、内野外野スタンドに詰めかけまして、おのおの陸の王者慶応、都の西北早稲田の快勝を祈りながら、非常に大きな興奮と非常な感激と緊張をもって時の至るのを今や遅しと待っております」

が松内アナのファーストコメントであった。

「夕やみ迫る神宮球場、ねぐらへ急ぐカラスが一羽、二羽、三羽……」

の球場雑感を表現するコメントは、聴取者（リスナー）に対してあたかも現場にいるような臨場感を注ぎ込む松内アナならではの表現で、このコメントは当時ＳＰレコード盤に収録され一五万枚も売れたそうだ。

「早慶大決勝戦記」を読むと、この時期の野球中継は今と違い、試合開始前の両軍のシートノックから放送が始まっており野球ファンにとっては興味深い。

「放送文化」の発行とＧＨＱ検閲

日本放送協会は放送の質的向上と放送番組の研究を進めるために月刊誌「放送文化」の発行を昭和二一年五月二五日から始めた。

同誌は廃刊になる平成二三年秋号まで放送界のさまざまな問題の検証や論評をおこなってきた。同誌には大正一四年のラジオ放送開始以来の出来事について多くの証言が収載されている。

放送文化の創刊号には当時のトップアイドル「明日待子」がマイクの前で微笑んでいる姿が

マイクの前で微笑む明日待子（放送文化創刊号の表紙）

表紙を飾っている。「明日待子」は東京の新宿駅東口にあった劇場「ムーランルージュ」で絶大な人気を集めていた。

第二号以下には当時の人気女優「轟夕起子」など著名人が表紙を飾っているが、GHQ（連合国総司令部）は内容を厳しく検閲した。

私が国立国会図書館で入手した放送文化の創刊号から第四巻六号（昭和二四年八月発行）までにはGHQによる生々しい検閲の文字が手書きで記されている。

昭和二三年から昭和三一年までNHKラジオで「私の見た事、聞いたこと」を担当した作家の故・秋山ちえ子さんは、当時のラジオ番組はGHQの下部組織CIE（民間情報教育局）の指導によりつくられ、「二十の扉」「話の泉」「真相はこうだ」など人気番組はアメリカのラジオ番組のコピーだったと話し、サンフランシスコ講和条約が締結された昭和二六年までは放送の二週間前までにGHQの検閲を受けなければ放送できなかったと証言している。戦争が終わって六年間、日本人は自由な放送ができなかったわけである。

「放送文化」の創刊号には「笑いを放送に盛る」というテーマでの座談会も掲載されている。座談会には徳川夢声や人気落語家の柳家権太楼、漫才のリーガル千太、朝日新聞の記者、日本放送協会の演劇部や音楽部のスタッフが議論を交わしている。このなかで「笑い」については、『腹を抱えて笑う』というように腹が膨れていないと笑えないが、国民はみな腹ぺこぺこであるので放送に笑いを入れるのは難しいテーマではないだろうか」と論議している。

ヨーロッパの道化役者の名前はフランスでは「ジャン・ポタージュ」、イタリアでは「マッカローニ」、イギリスでは「ジャック・プディング（プリン）」など食べ物の名前がついているように「食べ物と笑い」は深い関係があったようだ。（傍線は著者）

現代のお笑いタレントに食べ物の名前をつけている芸人が少ないのは、「飽食の時代」であるから食べ物の名前は必要ないのであろうか？　「放送文化」を丁寧に読み進むと戦後の国民の生活実態と世相が見えてくる。

また「放送文化」第一巻三号では「報道放送の使命と立場」というテーマで東大教授であり日本新聞学会の会長の小野秀雄氏や日本放送協会専務理事の古垣鉄郎氏（後のＮＨＫ会長）らがラジオニュースの在り方やニュースの取材方法などについて論議している。このなかで「報道の自由」の担保として報道に関係する人の「態度と責任と品格」も必要であると指摘しているが、これは今でもマスコミ関係者は重く受け止める必要がある。ＧＨＱはこの座談会の内容

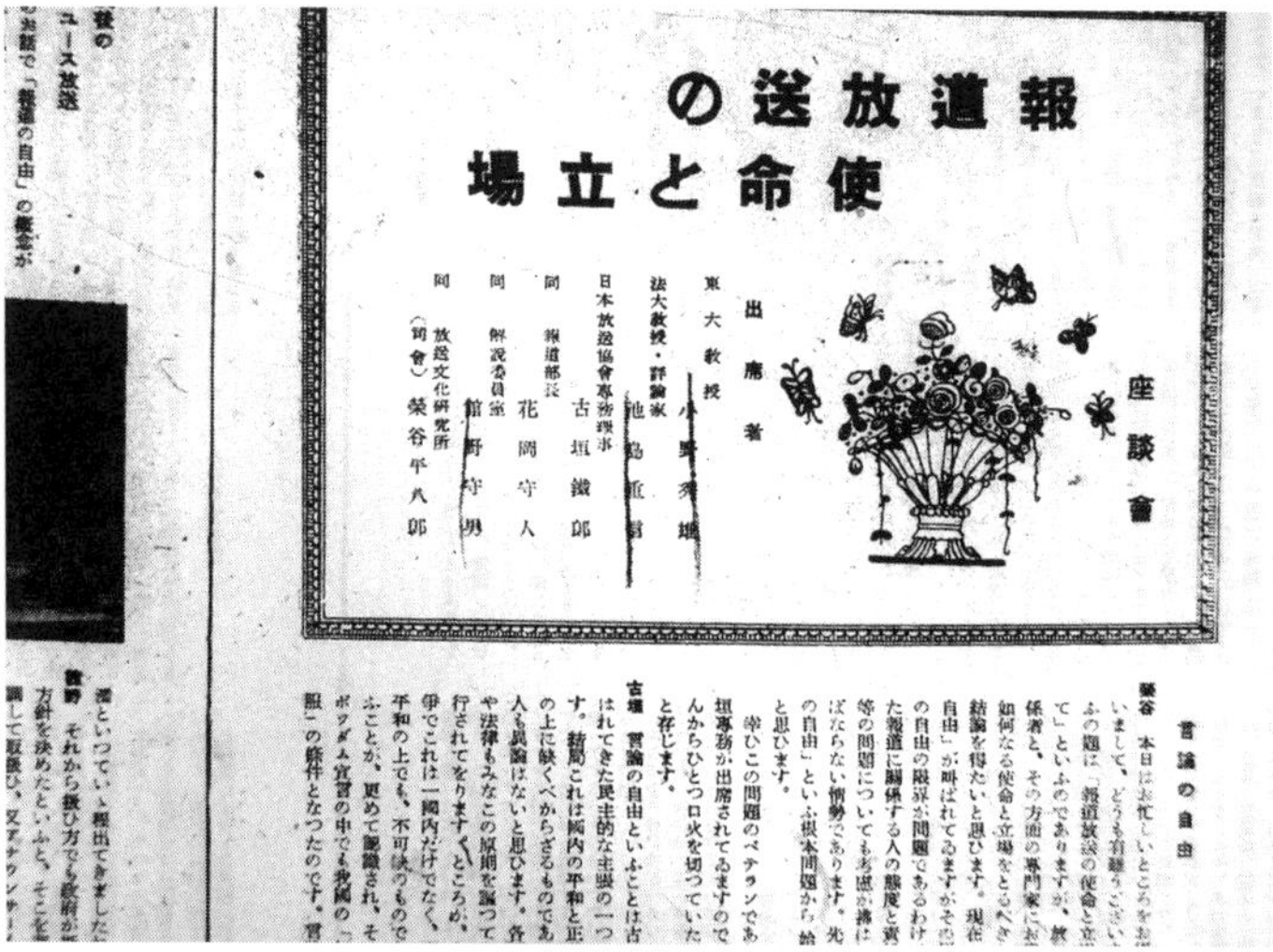

座談會

報道放送の使命と立場

出席者

東大教授　小野秀雄

法大教授・評論家　池島重信

日本放送協會專務理事　古垣鐵郎

同　報道部長　花岡守人

同　解説委員室　舘野守男

同　放送文化研究所（司會）　榮谷平八郎

言論の自由

榮谷　本日はお忙しいところをお…いまして、どうも有難うござい…ふの題は「報道放送の使命と立…て」といふのでありますが、放…係者と、その方面の専門家にお…如何なる使命と立場をとるべき…結論を得たいと思ひます。現在…自由」が叫ばれてゐますがその…の自由の限界が問題であるわけ…た報道に關係する人の態度と責…等の問題についてもお話し…ばならない情勢であります。先…の自由」といふ根本問題から始…と思ひます。

幸ひこの問題のベテランであ…垣專務が出席されてゐますので…んからひとつ口火を切つていた…と存じます。

古垣　言論の自由といふことは古…はれてきた民主的な主張の一つ…す。結局これは國内の平和と正…の上に缺くべからざるものであ…人も異論はないと思ひます。各…や法律もみなこの原則を謳つて…行されてをりますところが、…爭でこれは一國内だけでなく、…平和の上でも、不可缺のもので…ふことが、更めて認識され、そ…ポツダム宣言の中でも我國の…服」の條件となつたのです。言…

「報道放送の使命と立場」の座談会記事

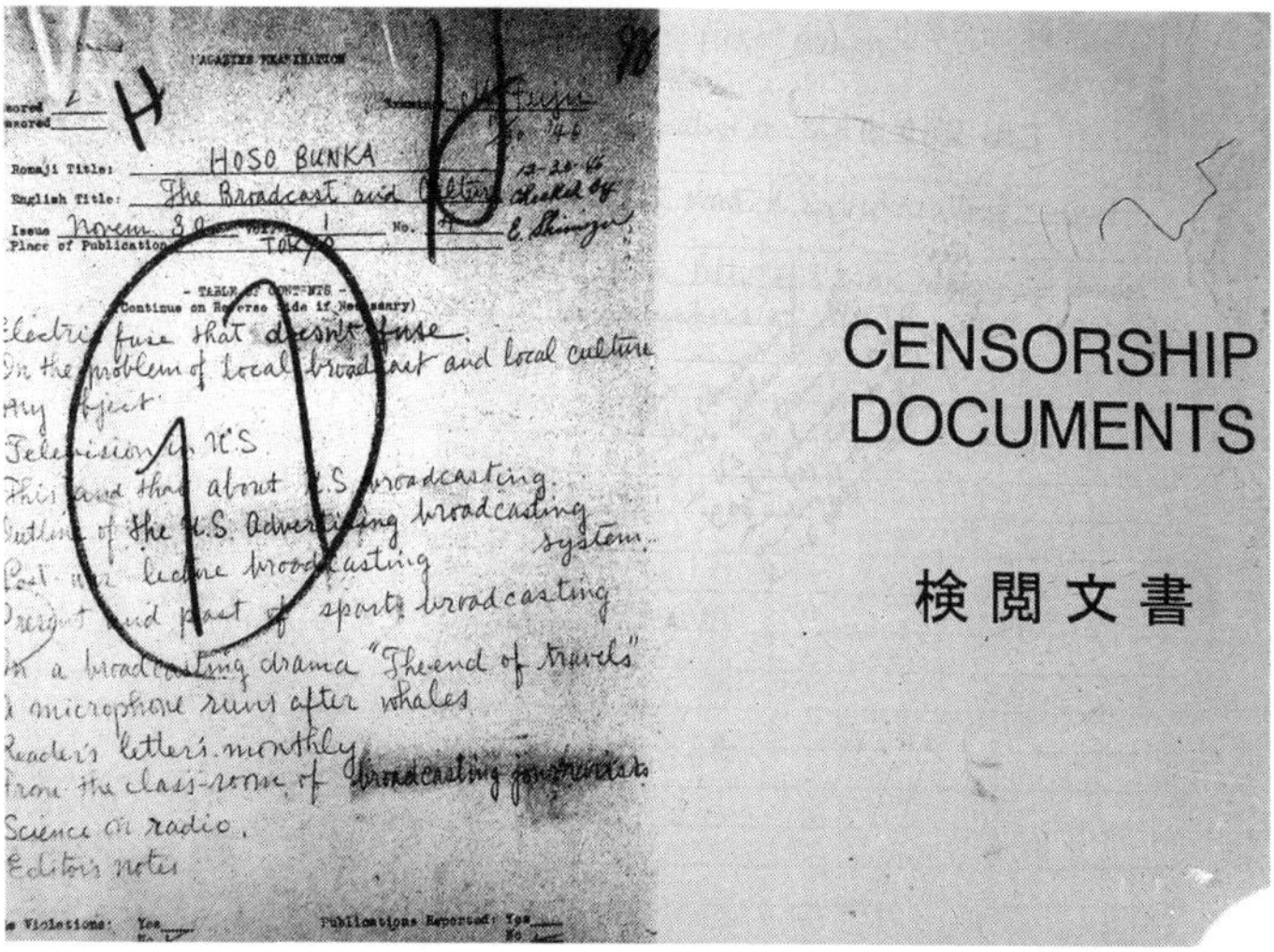

MAGAZINE EXAMINATION

Romaji Title: HOSO BUNKA

English Title: The Broadcast and Culture

Issue Novem. … No.

Place of Publication TOKYO

- TABLE OF CONTENTS -

(Continue on Reverse Side if Necessary)

Electric fuse that doesn't fuse
On the problem of local broadcast and local culture
Television in U.S
This and that about U.S broadcasting
Outline of the U.S. Advertising broadcasting system.
Post-war lecture broadcasting
Present and past of sports broadcasting
On a broadcasting drama "The end of travels"
A microphone runs after whales
Reader's letters monthly
From the class-room of broadcasting journalists
Science on radio.
Editor's notes

Violations: Yes No

Publications Reported: Yes No

ＧＨＱによる検閲

を入念に検閲した形跡が残されており、発言者の小野秀雄氏ら三人の名前のところには鉛筆で傍線が引かれている。

戦争中、日本のラジオ放送は軍部により情報操作され、さまざまな幻想を国民に抱かさせたことに対する反省から「ラジオ放送の在り方」にはGHQが大きな関心を寄せていたことが伺える。

ラジオは戦争中、プロパガンダ放送に終始し公正中立や不偏不党、事実に基づく報道などメディアとしての基本的な使命を捨て去っていた。

証言！　民放ラジオの草創期

昭和二九年にNHKからニッポン放送に移籍した上野修氏は民放ラジオの番組制作に大きく関わり、数々のヒット番組を生み出した。戦後、ラジオが生活に欠かせない時代の放送現場の状況について上野修氏は「ドン上野」の名前で平成一二年一〇月に発行された月刊誌「放送文化」で生々しく語っている。

これは当時の放送現場の実態を知るうえで貴重な証言であるため、その一部を抜粋して紹介

する。（傍線は筆者）

■遅れたニッポン放送はＮＨＫ？

昭和二六年にラジオ東京（後のＴＢＳ）、昭和二七年に文化放送がスタートしています。三番目の首都圏のＡＭラジオ局として昭和二九年にニッポン放送ができたわけです。ニッポン放送は一番遅れて出てきた放送局だから放送スタッフというか、人材がいない。放送の経験者がいないんです。困ったニッポン放送は人材の派遣をＮＨＫにお伺いを立てるのです。それでＮＨＫから大勢の人がくる。開局当時二五〇人いた内の半分ぐらいがＮＨＫ出身者です。主に技術関係とアナウンサーが多かった。だから、一時ニッポン放送はＮＨＫの子会社だと噂されたこともありました。全国のＮＨＫからたくさんの人材がニッポン放送に出向したのです。

■ドラマ全盛時代「赤胴鈴之助ＶＳ少年宮本武蔵ＶＳ少年探偵団」

昭和三〇年頃からはラジオドラマの全盛時代になりました。ＴＢＳは「赤胴鈴之助」、これには吉永小百合も出ていました。文化放送は「少年宮本武蔵」、ニッポン放送には「少年探偵団」というのがありました。ＮＨＫの「君の名は」も大ヒットしていました。

ドラマのほかに人気があったのは落語、講談、漫才です。当時、TBS、文化放送、ニッポン放送は専属の落語家を抱えていたんです。TBSには文楽、志ん生、圓生、小さん。TBSが一番多かったですね。文化放送も三笑亭可楽がいました。ニッポン放送はあとで出来たものですから古今亭志ん生をTBSから引き抜いて専属にしたことがありました。歌謡番組では歌手のみなさんも大忙しで各局を走り回っていました。

■オリンピックでラジオに暗雲

昭和二六年から昭和三四年ぐらいまではラジオはよかったんです。ところが、テレビがだんだん規模が大きくなり、全盛期を誇ったラジオに暗雲が立ち込めるわけです。スポンサーがこれからはテレビの時代だというのでみんなテレビに行っちゃうんです。ラジオは空っぽになってアンテナにぺんぺん草が生えるような具合になりました。皇太子のご成婚ブームでテレビが二〇〇万台に普及するわけですが、その後決定的になったのは東京オリンピックです。あっという間にテレビは一〇〇〇万台を突破するんですね。ラジオの現場スタッフもみんなテレビに引っ張られて行ってしまうんです。ニッポン放送の場合三分の一ぐらいの社員がフジテレビに出向になりました。

■サテライトスタジオでラジオ復権

テレビの勢いに対してラジオはどうすれば良いか困ったわけです。メディア先進国のアメリカへ行きサテライトスタジオを知るわけです。サテスタはニッポン放送が最初でしたがこれが大成功でした。なぜか？　それは、ラジオはスタジオの密室のなかで作るものだという認識があったからです。街頭にスタジオを設け一般に公開するわけです。お客さんはそれが珍しくて面白がるわけです。人気のディスクジョッキーや歌謡曲の歌手が目の前で出演するわけで非常に反響を呼びました。スポンサーや代理店が見に来て目の前に人があふれており、営業効果は抜群でした。

■生ワイドの誕生

生ワイドはドラマのようにお金もかかりません。日頃の生活実感をしゃべれば良いわけで、パーソナリティーは普段の生活に中身が無ければだめになります。しゃべりながら社会に向かって『キュー』を出していたんです。生ワイドはラジオ活性化の起爆剤になったわけです。そこへ深夜放送がドーンとぶつかるわけです。一九六〇年代後半から一九七〇年代にかけてラジオはヤング文化を中心にいっせいに花咲くわけです。

■ビートルズ論争

当時、『ザ・パンチジャーナル』という討論番組があったんです。今の『朝までテレビ』のラジオ版です。そこで学生たちを何十人も集めてみんなで勝手に言いたいことを言わせるわけです。「ビートルズかベートーベンか」というタイトルで討論会をやった。

各中学、高校ではビートルズのコンサートとかロックコンサートに出入りしてはまかりならんという通達が出たりして、若者たちは大人に対して非常に反発する。その声を受け入れたのがラジオなんです。ニッポン放送はヤングを取り込まなければこれからのラジオの未来はあり得ないと思っていましたから毎晩ビートルズをやっていました。すると日本中のラジオがビートルズ一色になったんです。

■深夜放送始まる

糸居五郎の深夜番組の開始で夜の時間帯が火を吹き始めた。糸居五郎の『オールナイトジョッキー』が話題になったんです。『夜更けのみなさんGO!GO!GO!』の糸居節はこの番組から生まれたんです。一九六七年に各局が一斉に深夜放送を始めた。TBSが『パックインミュージック』、ニッポン放送が『オールナイトニッポン』、一年後には『文化放送のセイ!ヤング』が始まるわけです。深夜にラジオを聴く奴はいないというのが定説だったんですが、たくさんの若いリスナーがラジオに飛びついたんです。

■人気番組『ザ・パンチ・パンチ・パンチ』

人気雑誌「平凡パンチ」をモチーフにモコ、ビーバー、オリーブという三人の女の子に自由にしゃべってもらうのです。モコは歯切れのいい悪口をガンガン言う。ビーバーはチャキチャキの江戸っ子で、オリーブは可愛い気の弱いお嬢さんという設定で三人の会話が面白いんです。絶妙なハーモニーです。三島由紀夫もインタビューに応じてくれたんです。松田聖子はこのパンチガールの三代目として出演していました。サンミュージックの相沢社長に頼まれて『うちの大型新人で松田聖子というんだけど、絶対にスターにさせようと全社をあげてやっているのでなんとか使ってくれないか？　歌はいいんだけれど、言葉が九州の久留米訛りがあるので、ラジオでしゃべれば直るだろうから使ってくれ！』と言われたりしたんです。

■フーテンと全共闘

ある時、フーテンを四〇人集めてニッポン放送の第一スタジオで「これがフーテンだ」というスペシャル番組をやりました。この番組は「新宿にフーテン族現れる」という新聞記事になり、世間に知られるようになりました。学生運動もすごかった。学生運動のいろいろな連中をいっぱい集めて討論会をやるわけです。全学連、全共闘の連中の討論は迫力がありました。学生たちはテレビには出ないけれどラジオには出るわけです。マスメディアに対する反感はありましたが、なぜかラジオは違ったんです。

時代や社会環境は今と異なるが、ラジオが衰退していく中で当時の放送人の「斬新な企画や発想力」がラジオの復権を導いたことがよく分かる。

今のラジオの世界をみると、相変わらず生ワイド番組ばかりがタイムテーブルに並んでいる。少なくともこの一〇年間、ラジオはメディアとしての「新しい挑戦」は何もしていないように思える。

今のラジオに必要なことはスタッフの「斬新な企画力」かもしれない。

記憶に残る名コメント

かつて個性の強い人気パーソナリティーやアナウンサーが各局にいた。

私はNHKの鈴木文弥アナがラジオで伝える広島カープ初優勝時の実況テープを持っているが、鈴木アナの実況を聴くと今でも現場にいるような感覚になる。昭和五〇年一〇月一五日、後楽園球場で行われた巨人対広島。四対〇で迎えた九回裏ツーアウト、バッターは巨人柴田の場面で鈴木アナは次のように伝えた。

「劇的な瞬間が刻一刻と近づいて参りました。あと一人。夢にまで見たセントラルリーグのあの栄光の座は今、手を伸ばせば届くところにあります」

そして優勝の瞬間を、

「広島カープ優勝。ドラマチックな瞬間であります。二五年間の辛い苦しみは消え去り、胸を張って栄光のゴールインであります。昭和五〇年一〇月一五日、午後五時一八分。古葉監督が宙に舞っています。ついに広島カープは二六年目に大きな花を咲かせたのです。古葉監督が宙に舞っています。スタンドからお客さんがなだれ落ちてまいりました。大変な騒ぎです」

NHKは「時代を伝えたアナウンサーの声」として九人のアナウンサーの実況中継の音声記

録を公開している。ここでも鈴木文弥アナの東京オリンピック開会式（昭和三九年一〇月一〇日）の中継は実況を聴くだけで会場にいるような放送となっている。


「見えた、見えました。白い煙が。聖火が入って参りました。

赤々と燃え上がるオレンジ色の炎、かすかに尾を引く白い煙。

選ばれた最終ランナー、坂井義則君がさっそうと入って参りました。

この一瞬を、どんなに待ちわびたことでありましょう。

右手に聖火を掲げ、流れるようなロングストライドでトラック中央を走る坂井義則君。

戦後の日本と共に育ち、戦後の日本と共に、たくましく明るく成長してきた一九歳の坂井義則君。そのめぐまれた身体、すらりと伸びた足、広い肩幅、わずかに頬を紅に染め、感激に膨らむ胸をいっぱいに張って美しいフォームで、間もなく第二コーナーにかかります。

選手団の列が崩れました。

微かな白煙の尾をトラックに残し、新しい日本の若さ、日本の将来を象徴するかのような一九歳の青年が、この一瞬に、力と美を集結して胸を張ってどうどうと走ります。今、バックスタンドの中央の聖火台下に到着しました。

見上げるばかりの聖火台、一本の帯のように続く一六三本の階段。

飛ぶように、そして力強くリズミカルに、白い煙を下に残しながらぐんぐん階段を上がっていく聖火。

思えば、八月二一日、遠くオリンピック発祥の地、ギリシャオリンピアのクロノス丘の麓、ヘラの神殿跡で太陽の光から採火され、イスタンブール、ベイルート、テヘラン、ラホール、ニューデリー、ラングーン、バンコク、クアラルンプール、マニラ、香港、タイペイ、沖縄と、東南アジア一二カ国、アジアの同胞たちの手によって引き継がれ、海を渡り、山を越え、野を突っ走り谷を横切り、延々二万七〇〇〇キロ。運び続けられた平和の火、聖火は、今東京の空の下、赤々と燃え上がろうとしております。

一気に階段を駆け上がった坂井義則君。高さ二メーター一〇の聖火台。

今左側に姿を現しました。右手に高々と掲げる聖火。

昭和三九年一〇月一〇日、午後三時九分三〇秒。世界の目と耳が、この一瞬に集まります。いよいよ点火であります。

今、点火されました。燃える。燃える。燃える。赤々と燃える聖火。オリンピアの聖なる火は、今初めてアジアの国、日本の東京の空の下、新しい生命を得て燃え上がりました」

このほか、北出清五郎アナの皇太子ご成婚パレード（昭和三四年四月一〇日）、志村正順アナの出陣学徒壮行会（昭和一八年一〇月二一日）、河西三省アナのベルリンオリンピックの前畑の二〇〇メートル平泳ぎ水泳決勝（昭和一一年八月一一日）、松内則三アナの東京六大学早慶戦実況（一九三〇年代）など、現場の様子を「原稿なしで伝えることができるアナウンス技術」をＮＨＫのそれぞれのアナウンサーが有していた。

一方、民放にもリスナーから大きな支持を得ていたパーソナリティーがいた。文化放送の土居まさる、落合恵子をはじめ朝日放送の道上洋三アナなどはリスナーから強い支持と信頼を得ながらマイクの前にいた。彼らがしゃべる一言、一言に大きな共感や感動それに勇気をリスナーは貰っていた。

当時大学生だった私は下宿で深夜はいつもラジオを聴いていた。最近のラジオは個性が無くなっているのではないだろうか？

広島カープの初優勝を伝えた昭和五〇年の鈴木文弥アナのスポーツ中継はラジオを聴きながらあたかも現場にいるような中継であったが、民放では朝日放送の植草貞夫アナの甲子園の高校野球実況は聴いていていて身体が震えるくらいに臨場感が伝わってきた。

昭和五九年の第六六回夏の甲子園大会の決勝、取手二（茨城）対ＰＬ学園（大阪）で九回裏同点ホームランを放ったＰＬ学園・清水哲に対して植草アナは次のように伝えた。

「レフトへ飛んだ！　レフトへ飛んだ!!　レフトへ飛んだ〜〜〜同点！　昭和五三年の逆転のＰＬ。あれ以来伝統は生きています」

当時、ＰＬ学園は逆転勝ちの連続で勝ち進むのが評判であった。

第六七回大会ではＰＬ学園の清原はホームランを量産していた。決勝・宇部商（山口）対ＰＬ学園（大阪）で植草アナは清原のホームランを次のように伝えた。

「センターの藤井のところに飛んだ！　藤井が見上げているだけだ！　ホームランか、ホームランだ！　恐ろしい！　両手を挙げた！　甲子園は清原のためにあるのか！」

野球の実況放送の原点はＮＨＫの松内則三アナの早慶戦実況にある。

有名な「**夕やみ迫る神宮球場にカラスが一羽、二羽、三羽……**」などの名コメントを数多く残して野球中継の基礎を作った。

文芸春秋は昭和六年に「オール読物号（現・オール読物）」で松内アナの早慶戦実況の全文を誌上で紹介した（二〇〇頁に一部紹介）。

昭和五八年に発行されたＮＨＫの文研月報では松内アナの全コメントを分析している。それによると、「**球は転々……**」という表現ついてはこれに代わる言葉は今でも見つからないとしている。また、「**打ちました。三塁ゴロ。三塁捕って一塁投球、投球、投球、一塁アウト**」という表現は言葉の積み重ねでボールがスー、スー、スーと飛んでいく感じを表現したコメントになっていると分析している。（傍線は著者）

松内アナの表現には一部批判論者もいたが、作家の久米正雄は「アナウンサーも一人の人間であるので、見たままに生きた描写を見いだそうとした結果の表現である」として松内の表現技術を擁護している。

一方、インタビュー技術についてＮＨＫの「ラジオ深夜便」の宇田川清江さんは「若い時はインタビューすることができなかった。次に自分は何を質問すれば良いのか、そんなことばかり考えて話に集中できなかった。聴くとはゲストの心の中の言葉を引き出すことだ。集中しなければ心の中に入っていけない。だからひたすらにゲストの話を聴く。そうすれば質問は自然と生まれてくる」と述べている。

これは事件現場や災害発生時の被災者インタビューとは異なるが、スタジオにゲストを呼びトークする際のインタビュー技術について言及しており、宇田川清江さんの放送に対する姿勢は学ぶべき点が多い。

県域ラジオ局の経営状況

平成二五年五月一四日、総務省は「放送ネットワークの強靭化に関する検討会」で民間ラジオ局の経営状況についてＡ４サイズの資料一〇枚を配り公表した。

資料は平成二三年度の地上波系放送事業者の収支状況や、一社あたりの売上高、営業利益、赤字社の推移などで、表示されている数字は各社が総務省へ提出した決算資料に加え民間放送連盟が集約したデータなどを基に作成したもので極めて精度が高い。

このうち平成二三年度の収支状況では表１－１に示すように県域ＦＭ局五二局の当期利益の平均は一〇〇〇万円となっている。総務省はこのデータをもとに次のように分析している。

「一社平均の当期利益はＴＶ単営が六・三億円、ＴＶ・ＡＭ兼営はその約四分の一、ＦＭは約六〇分の一、ＡＭ単営は赤字であり経営がより厳しい」

コミュニティＦＭは県域のＡＭ局やＦＭ局と比べて財務力、人材力、売上力、設備力などが比較にならないぐらい劣っている。コミュニティＦＭの経営が極めて厳しいのはこのデータからも推察できる。加えて赤字経営の県域ラジオ局は平成二三年度でＦＭ三局、ＡＭ一五局の合

表1-1　平成23年度民間ラジオの経営状況（地上系放送事業者の収支状況）

（億円）

H23年度		売上高			営業費用	営業利益	経常利益	当期利益
			広告収入	広告外収入				
TV単営	93社合計	17,678.60	14,857.80	2,820.80	16,625.80	1,052.80	1,203.00	588.10
	1社平均	190.1	159.8	30.3	178.80	11.3	12.9	6.3
TV・AM兼営	34社合計	3,578.50	3,264.00	317	3,433.60	144.90	179.10	59.70
	1社平均	105.2	96	9.3	101.00	4.3	5.3	1.8
AM単営	13社合計	510.50	359.00	167	510.30	0.20	4.70	-9.20
	1社平均	39.3	25.6	11.9	39.30	0.01	0.4	-0.7
短波	1社	16.00			16.20	-0.20	-0.10	0.20
FM	52社合計	598.9	487	112	580.20	18.8	24	3.4
	1社平均	**11.50**	**9.4**	**2.2**	**11.20**	**0.40**	**0.50**	**0.10**
合計	193社合計	22,382.40	18,967.80	3,416.80	21,166.10	1,216.40	1,410.70	642.20
	1社平均	116.00	98.3	17.7	109.70	6.30	7.30	3.30

計一八局にのぼっている。

県域ラジオ局の経営がこのように厳しい状況のなかで総務省はコミュニティＦＭの認可を増大させている。認可の審査が経営的な視点に重点を置いて実施されるのではなく、「防災としてのツール」や「地域の活性化としてのツール」などに重点を置き認可審査が実施されているのではないだろうか？

「防災や地域活性化」は重要な視点であるが、赤字経営では成立しないことを忘れてはならない。

コミュニティＦＭの認可は平成二六年三月で三〇〇近くになった。これらの局が災害発生時に市民の命を守る有益な情報を即座に発信できるとは思えない。その大きな理由はコミュニティFMの「取材力」、「人材力」、「設備力」は地上波系の県域ラジオ、テレビ局と比較して極めて乏しいからである。

すべてのコミュニティFMが前述した体制であるとは断定できないが、「取材力」「人材力」などが乏しいコミュニティFMができるのは災害が発生して数日経過したあとの「生活関連情報」の広報である。それは「防災情報」ではなく発災後の「生活支援情報」である。「生活支援情報」も有益な情報であるが、「防災情報」と区別して、「コミュニティFMの情報発信の在り方」を論議することが求められる。

赤字に苦しむ県域FM局

県域FM局も決して安定経営ではない。民間放送としてFMラジオ局が初めて誕生して三〇年以上経つが地域によっては苦戦を続けている局がある。

四国地区や北陸地区ではここ数年赤字決算を続けている局も出始めた。このため八億円前後の資本金の減資を行うなどしてなんとか経営を続けている。

県域FM局で安定経営が続いたのは一九九〇年代後半までで、その後は売り上げの低迷が続いている。電通が毎年まとめている日本の広告費の動向をみてもラジオの広告費は毎年低減していることからFM、AMラジオ局の経営が厳しいことがうかがえる。

日本の広告費によると、平成二五年の広告費総額は五兆九七六二億円でラジオ媒体の占める割合はわずか二・一％に過ぎない。

ラジオ広告費は一二四三億円（平成二五年）で二〇〇〇年の二〇七一億円と比較して約八〇〇億円減少している。

一三年間でラジオ広告から消えた八〇〇億円はインターネット広告などに流れたわけで、県域FM、AM局の経営危機はすでに始まっていると言っても過言ではない。

■エフエム高知の場合

平成四年四月一日に資本金八億円で高知市に開局した「エフエム高知」は、第二三期決算を前に九〇％減資をおこない資本金を八〇〇〇万円に縮小した。「エフエム高知」の主な株主は高知新聞社九・五％、高知放送八・五％などでこのほか高知県が七％の株式を保有している。高知県は「エフエム高知」の開局時に五六〇〇万円（七％）を出資したが平成二六年三月期の決算で五〇四〇万円が減資により消失した。言い換えれば県民の税金が五〇四〇万円消えた。消えた原因は「エフエム高知」の経営悪化によるもので県民には一切の責任はない。九〇％減資を実行した第二三期の決算書を見ても経営は決して余裕がないのが分かる。

表1－2から5に示すように減資を実行した平成二六年三月期（第二三期）は当期純損失（赤字）が九七八万五〇〇〇円で、赤字は少なくとも平成二四年三月期（第二一期）から続いている。

利益剰余金（累積損失金）は減資前のマイナス四億六〇五七万九〇〇〇円から減資後（第二三期）はマイナス九七八万五〇〇〇円なっているほか、新たに長期借入金四一六五万六〇〇〇円を発生させている。現金預金の残高が一七六五万六〇〇〇円では借り入れもやむを得ないが、もともと現金預金や受取手形の金額が少ないところに問題がある。また売掛金が八〇七九万三〇〇〇円あることも気にかかる。

表1-2　エフエム高知　貸借対照表（平成26年3月31日現在）

（単位：千円）

科　　目	金　　額	科　　目	金　　額
[資産の部]		[負債の部]	
Ⅰ流動資産	114,123	Ⅰ流動負債	48,997
現金預金	27,656	一年以内返済予定長期借入金	7,152
受取手形	3,504	リース債務	16,023
売掛金	80,793	未払金	8,554
貯蔵品	1,060	未払代理店手数料	8,224
前払費用	790	未払法人税等	612
未収金	159	未払消費税等	3,659
未収還付法人税等	52	預り金	737
仮払金	93	賞与引当金	4,032
立替金	10		
Ⅱ固定資産	356,815	Ⅱ固定負債	89,321
（有形固定資産）	294,191	長期借入金	41,656
建物	141,725	リース債務	13,511
建物付属設備	51,895	繰延税金負債	1,683
構築物	5,781	退職給付引当金	24,879
機械及び装置	10,152	役員退職慰労引当金	7,191
車両運搬具	10	預り保証金	400
工具器具備品	2,614		
土地	52,475	負債合計	138,318
リース資産	29,535		
		[純資産の部]	
（無形固定資産）	2,805	Ⅰ株主資本	329,634
ソフトウェア	0	資本金	80,000
施設利用権	31	資本剰余金	259,420
電話加入権	2,773	その他資本剰余金	259,420
		利益剰余金	▲9,785
（投資その他の資産）	59,819	その他利益剰余金	▲9,785
投資有価証券	13,771	繰越利益剰余金	▲9,785
長期前払費用	641		
長期性預金	41,000	Ⅱ評価・換算差額等	2,986
差入保証金	4,395	その他有価証券評価差額金	2,986
その他の投資	10	純資産合計	332,620
資産合計	470,939	負債及び純資産合計	470,939

表1-3　エフエム高知　損益計算書
（平成25年４月１日～平成26年３月31日）

（単位：千円）

科　目	金　額	
売上高		
放送事業収入	274,071	
その他事業収入	47,253	321,324
売上原価		
放送事業費・その他		123,726
売上総利益		**197,597**
販売費及び一般管理費		207,690
営業損失		**10,092**
営業外収益		
受取利息・配当金	446	
雑収入	748	1,195
営業外費用		
支払利息	143	
経常損失		**9,040**
特別損失		
固定資産除却損		133
税引前当期純損失		**9,173**
法人税、住民税及び事業税		612
当期純損失		**9,785**

表1-4　エフエム高知　第22期貸借対照表
（平成25年3月31日現在）

（単位：千円）

科　　目	金　額	科　　目	金　額
[資産の部]		[負債の部]	
Ⅰ流動資産	**84,675**	**Ⅰ流動負債**	**39,379**
現金預金	12,292	リース債務	16,348
受取手形	3,771	未払金	7,401
売掛金	65,523	未払代理店手数料	8,441
貯蔵品	1,123	未払法人税等	1,494
前払費用	650	未払消費税等	928
未収金	1,070	預り金	533
未収還付法人税等	131	賞与引当金	4,231
仮払金	111		
Ⅱ固定資産	**353,392**	**Ⅱ固定負債**	**58,220**
（有形固定資産）	**324,447**	リース債務	29,535
建物	145,007	繰延税金負債	573
建物付属設備	57,907	退職給付引当金	22,476
構築物	3,611	役割退職慰労引当金	5,235
機械及び装置	16,146	預り保証金	400
車両運搬具	21		
工具器具備品	3,392		
土地	52,475	**負債合計**	**97,599**
リース資産	45,884		
		[純資産の部]	
（無形固定資産）	**2,816**	**Ⅰ株主資本**	**339,420**
ソフトウェア	0	資本金	800,000
施設利用権	42	利益剰余金	▲460,579
電話加入権	2,773	その他利益剰余金	▲460,579
		繰越利益剰余金	▲460,579
（投資その他の資産）	**26,129**		
投資有価証券	10,723	**Ⅱ評価・換算差額等**	**1,048**
長期性預金	11,000	その他有価証券評価差額金	1,048
差入保証金	4,395		
その他の投資	10	**純資産合計**	**340,468**
資産合計	**438,068**	**負債及び純資産合計**	**438,068**

表1-5　エフエム高知　損益計算書
（平成24年４月１日～平成25年３月31日）

（単位：千円）

科　目	金　額	
売上高		
放送事業収入	261,237	
その他事業収入	33,894	295,131
売上原価		
放送事業費・その他		134,106
売上総利益		**161,025**
販売費及び一般管理費		198,774
営業損失		**37,749**
営業外収益		
受取利息・配当金	967	
雑収入	230	1,197
営業外費用		
支払利息		73
経常損失		**36,624**
税引前当期純損失		**36,624**
法人税、住民税及び事業税		612
当期純損失		**37,237**

■エフエム石川

郵政省（当時）は昭和五四年五月一六日、愛媛県、長崎県、石川県にFM放送用周波数を割り当てた。愛媛県、長崎県は問題なく県域FM局が開局したが、石川県は三局目の民放テレビ局（テレビ金沢・日本テレビ系列）の調整に難航。北國新聞と北陸中日新聞の主導権争いが影響し県域FM局の開局は約一〇年先送りになった。その後、平成二年四月一日に開局した「エフエム石川」は資本金八億円。北國新聞社、中日新聞社、石川テレビ放送（フジテレビ系列）などが株主として出資した。

「エフエム石川」は平成一七年三月「マスメディアの集中排除原則」に違反するとして厳重注意処分を受けた。ライバル関係にある北國新聞社と中日新聞社は当時一〇％以上の株式を保有していたもので新聞メディアの熾烈な主導権争いが開局後も続いていた。

こうしたなか北國新聞社はコミュニティFMの「ラジオかなざわ」を開局させた。

そして「ラジオかなざわ」は同じコミュニティFMの「ラジオこまつ」や「ラジオななお」などとネットワークを組み「エフエム石川」に対抗。石川県内ではコミュニティFMを利用した北國新聞系列の県域ラジオ放送が事実上実現した。

この結果、県域FM局の「エフエム石川」の営業活動は影響を受け、平成二六年三月期の決算ではかろうじて一三五万二二三七円の営業利益を創出したが、経常損失二九四万四〇二二円、当期純損失が二〇九七万一八六円となった。

資本金八億円で開局したが株主資本は平成二六年三月期で七億六八〇五万八〇六二円に減少している。

「エフエム石川」のホームページによると社員数は一七人。事業活動として、石川県の海岸線五八三キロメートルを一人一メートル清掃する「クリーン・ビーチいしかわ」を平成七年から展開している。この事業は「第二一回全国豊かな海づくり大会」で大会会長賞を受賞するなどしているだけに、今後の経営の安定が求められる。

表1-6　エフエム石川　貸借対照表（平成26年3月31日現在）

（単位：円）

資産の部		負債の部	
科目	金額	科目	金額
【流動資産】	【724,405,724】	【流動負債】	【47,224,572】
現金預金	629,134,223	リース債務	19,993,816
受取手形	7,628,397	未払金	13,441,668
売掛金	82,726,371	未払代理店手数料	11,597,591
商品	751,427	未払法人税等	1,602,800
未収消費税等	888,800	預り金	588,697
前払金	2,164,534		
未収入金	791,438		
仮払金	320,534		
【固定資産】	【248,434,536】	【固定負債】	【156,400,683】
1．有形固定資産	166,295,392	リース債務	93,444,967
建物	33,046,858	退職給付引当金	39,710,200
建物付属設備	5,641,979	役割退職慰労引当金	5,814,000
構築物	5,488,175	預り保証金	200,000
機械及び装置	119,620,930	資産除去債務	16,597,527
車両及び運搬具	372,431	繰延税金負債	633,989
工具器具及び備品	2,125,019		
		負債合計	203,625,255
		純資産の部	
		【株主資本】	**【768,058,062】**
2．無形固定資産	1,466,137	1．資本金	〔800,000,000〕
ソフトウェア	28,337	2．利益剰余金	〔△31,941,938〕
電話加入権	1,437,800	利益準備金	16,800,000
		その他利益剰余金	△48,741,938
		繰越利益剰余金	△48,741,938
3．投資その他の資産	80,673,007		
投資有価証券	50,672,788	【評価・換算差額等】	【1,156,943】
長期前払費用	1,738,309	その他有価証券評価差額金	1,156,943
差入保証金	28,261,910		
		純資産合計	769,215,005
資産合計	972,840,260	負債及び純資産合計	972,840,260

表1-7　エフエム石川　損益計算書（平成25年4月1日～平成26年3月31日）

（単位：円）

科　目	金　額	
売上高		
放送事業収入	346,250,347	
その他事業収入	46,933,266	393,183,613
売上原価		
放送事業費	191,596,553	
その他事業費	45,674,619	237,271,172
売上総利益		155,912,441
販売費及び一般管理費		154,560,204
営業利益		**1,352,237**
営業外収益		
受取利息及び配当金	822,579	
その他	325,051	1,147,630
営業外費用		
支払利息	5,443,888	5,443,888
経常損失		**2,944,021**
特別損失		
固定資産除却損	3,531,702	
投資有価証券評価損	13,965,435	17,497,137
税引前当期純損失		20,441,158
法人税、住民税及び事業税	529,028	529,028
当期純損失		**20,970,186**

ＡＭラジオ局のネットワーク

ラジオ局のネットワークはテレビ局のネットワークと異なる。
テレビ局は日本テレビ系列、ＴＢＳ系列、フジテレビ系列、テレビ朝日系列、テレビ東京系列の五つに分かれて各番組が放送されている。一方ＡＭラジオのネットワークはＴＢＳをキーステーションとする「ＪＲＮ」と、ニッポン放送と文化放送をキーステーションとする「ＮＲＮ」の二つに分かれている。

この二つの系列が基本的に分離して放送されている地区は関東以外では東海、福岡、北海道、沖縄の四地区で、鹿児島や熊本など他の地区ではＡＭラジオ局が一社しかないため「ＪＲＮ」と「ＮＲＮ」が混在して番組が放送されている。

ＡＭラジオのネットワークは基本的には報道協定をＴＢＳと締結するか、またはニッポン放送、文化放送と締結するかにより決まるが、各ローカル局は自社制作番組の比率が五割以上あるためキーステーションの番組を流す比率が少ないのが現状である。ラジオ番組の制作費はテレビに比べて格段に安いため自社制作番組の比率がローカルのテレビ局より高いのもうなずける。

　県域ＦＭ局もエフエム東京をキーステーションにネットワーク協定を結んでおりＡＭラジオ局とほとんど同じような構図で番組を放送している。

　一方、コミュニティＦＭにはネットワークがない。

　全国に約三〇〇のコミュニティＦＭがあるが、各局は基本的に自社制作番組を編成し放送している。自社制作番組の比率はＡＭラジオ局や県域ＦＭ局と同じか、それ以上という局も多く存在する。

　しかし、これらのコミュニティＦＭをエリア内人口や売上高など経営規模別に結び付けている組織はない。日本コミュニティ放送協会（ＪＣＢＡ）に各ブロック組織はあるものの、各局経営規模が極端に違う。例えばエリア内人口八〇万人で県庁所在地にある局とエリア内人口五万人の局とでは広告代理店に提案する営業方法や番組編成などが違う。

　広告代理店はエリア内人口が二〇万未満の局などは見向きもしない。

　鹿児島県内には一二のコミュニティＦＭがあるが、鹿児島シティエフエム（愛称フレンズＦＭ）では県内のコミュニティＦＭの媒体力を表１－８に示すような形で算出。この媒体力算出表を基準に広告料金の配分をおこなっている。

　表に示すように経営規模や放送エリアが大きく異なるコミュニティＦＭをどのような形で結

表1-8　鹿児島県内コミュニティエフエム媒体力算出表

算出基準人口：100万人

	局名	鹿児島シティエフエム	A社	B社	C社
	聴取可能人口	80万人	10万人	20万人	4.5万人
聴取動向計測値	人口力	0.8	0.1	0.2	0.045
	南日本新聞ラテ欄掲載	1	0	0	0
	全国ニュース（共同通信）	0.2	0	0	0
	ローカルニュース	0.2	0	0	0
	道路交通情報	0.2	0	0	0
	消防局ホットライン	0.2	0	0	0
	警察局ホットライン	0.2	0	0	0
	タウン誌番組表	0.1	0	0	0
	JCBA加盟	0.1	0	0	0
	合計	**3**	**0.1**	**0.2**	**0.045**
技術力の概要	2級無線技術士	正社員取得	1人	不明	不明
	自家発電機の設置	○	×	不明	不明
	UPSの設置	○	○	不明	不明
	無音装置の設置	○	×	不明	不明
	非常通報装置の設置	○	○	不明	不明
	スタジオ被災時の対応	○	○	不明	不明
	災害時の人員協力体制	○	○	不明	不明

（不明は平成26年に実施した調査に対して未回答の項目です）

合させるかが課題である。

つまりコミュニティＦＭ間でネットワークを構築するには、「広告料金の配分」の問題をクリアさせなければならない。エリア内人口八〇万人の局とエリア内人口一〇万人の局が広告料収入を同じ配分額で分配されれば不平等が生じる。「媒体力」、言い換えれば「商品の訴求力」が違うからだ。

この不平等を是正するためにはそれぞれの局の媒体力を算出する必要があるが、現状では具体的な「媒体力算定表」は全国的な規模では作成されていない。

県域ＦＭ局の経営破綻

経営が苦しいラジオ局はコミュニティＦＭだけではない。

これまで安定した売り上げを誇っていた県域ＦＭ局も経営破綻する事態が発生している。平成二〇年六月、北九州市の県域ＦＭ局の**エフエム九州（愛称・クロスエフエム）**は自力での経営再建を断念し東京の投資会社に放送事業を譲渡した。経営破綻したエフエム九州は北九州の経済界などが出資して平成五年九月に開局。最盛期の平成一一年三月期は売上高が一一億円を超えたが平成二〇年三月期には売上高は六億九〇〇〇万円にダウン。二八〇〇万の赤字に転落した。加えて債務超過額が五億九七〇〇万円に達し自力での再建を断念。平成二〇年六月の株主総会で解散を決議した。放送事業は東京の投資ファンドのキャピタル・パートナーズへ譲渡された。

クロスエフエムは現在、投資ファンドから送り込まれた女性社長が経営の立て直しを進めている。平成二六年一月二四日の朝日新聞に掲載された記事によると「売上高は五億円ほど」と紹介されているが平成二〇年三月期の会社清算時の売上高六億九〇〇〇万円より約一億九〇〇〇万円ダウンしている。同社の経営は新会社移行後もかなり厳しいものと思われる。

神戸市の「Ｋｉｓｓ　ＦＭ　ＫＯＢＥ」は平成二二年四月粉飾決算問題が発覚、さらに社長のプライベートカンパニーをめぐって経営陣の内紛も表面化し経営破綻。民事再生法の適用を申請した。同社はコミュニティＦＭを利用してラジオショッピングを放送したが放送代金を支払わないという事態も招いた。

愛知国際放送は中京圏をエリアに平成一二年四月一日に開局し外国語による放送を始めた。外国語は英語だけでなく、中国語、韓国語、スペイン語などの番組を放送していた。「経営が成り立つかどうか？」は当然のことながら精査して開局すべきであったが、リスナーが外国人であるためコマーシャルを出すスポンサーは極めて限られていた。このため一〇年後に経営破綻を招いたが、よく一〇年も続けられたと思う。平成二二年三月期までの累積赤字は二八億八四〇〇万円まで膨らんだ。事業譲渡を名乗り出る企業もなく平成二二年一〇月七日、同局は放送免許を返上し閉局に追い込まれた。

同様に平成九年四月一日に福岡市で開局し外国語放送を行っていた**九州国際エフエム（愛称・ラブエフエム）**も経営破綻した。ラブエフエムの株主でもあり福岡の有力企業の西日本鉄道が主導し、同じ傘下のコミュニティFM、「天神エフエム」に事業承継した。県域FM局がコミュニティFMに吸収される結果となり、「天神エフエム」はコミュニティFMから県域FM局に変わった。九州国際エフエムはエフエム九州に続き九州では二例目の経営破綻となった。

ラジオ局合併

総務省は低迷が続くラジオ業界の再編について次の四つのパターンを想定している。

①ハード会社とソフト会社に分離して分社化し経営改善をはかる方法

このパターンとして茨城放送を例示している。茨城放送は茨城県をエリアに昭和三八年四月一日開局したが、平成二三年に送信業務を分離し関連会社のＩＢＳへ委託。茨城放送は送信所を持たない認定地上基幹放送事業者へ移行した。移行前の平成二二年四月一日時点の茨城放送の資本金は六億円。平成二一年三月期の売上高は七億八六一〇万円。営業利益はマイナス四二一四万円。純利益はマイナス一億一四九九万円という苦戦が続いていた。

ＩＢＳは旧社名が茨城放送プロモーションで茨城放送からの番組制作などを受託していたが分社化により送信所を所有するようになった。ＩＢＳの株式の四五％は茨城放送が所有しており、いわゆるソフトとハードの分離による経営改善を進めている。

②一局二波による経営統合を勧め経営改善をはかる方法

大阪府で二番目のＦＭラジオ局として平成元年六月一日に開局した「ＦＭ８０２」は平成二四年四月、関西インターメディアから事業承継し「ＦＭＣＯＣＯＬＯ」の運営を始めた。総務省が平成二三年三月にマスメディアの集中排除の原則を大幅に緩和したのを受け、ＦＭ局での一局二波体制がスタートした。

「ＦＭＣＯＣＯＬＯ」は平成七年一〇月一六日に大阪で三局目のＦＭラジオ局として誕生。放送エリアは大阪府、神戸市、尼崎市、京都市などで外国人を対象に放送を開始したが、開局一六年を経過した平成二四年に事業主体であった関西インターメディアが「ＦＭ８０２」

へ事業を譲渡した。関西インターメディアは資本金九五〇〇万円で関西電力や大阪ガスなどが主要株主であったがＦＭラジオ放送事業から撤退した。「ＦＭ８０２」は資本金一五億円、平成二四年度の売上高は三三億八二〇〇万円で「ＦＭ８０２」の放送はコールサインがＪＯＦＶ－ＦＭ、出力一〇キロワット、送信所は大東市の飯盛山。

「ＦＭＣＯＣＯＬＯ」はコールサインがＪＯＡＷ－ＦＭ、出力一〇キロワット、送信所は東大阪市の生駒山からという形で一局二波体制の運営をしている。従業員は平成二六年四月現在で四一名。

③ラテ兼営局のラジオ部門分社化

日本の放送局でラジオとテレビの兼営局はＴＢＳ系列、日本テレビ系列、テレビ朝日系列などあわせて三三局があるが、ラジオ部門は各局苦戦している。このためラテ兼営局ではラジオ部門を本体から切り離し分社化し、テレビ局の子会社にして経営改善を図っている。

かつて民放の雄といわれた東京放送（ＴＢＳ）は、平成一三年一〇月一日にラジオ部門を切り離し「ＴＢＳラジオ＆コミュニケーションズ」に放送免許を譲渡し分社化した。さらにテレビ部門は「ＴＢＳテレビ」に業務委託し経営のスリム化を図っている。

分社化メリットはラジオ部門を子会社化し社員を出向させれば経費が削減される。加えて

表1-9　最近のラジオに関する事業再編の例

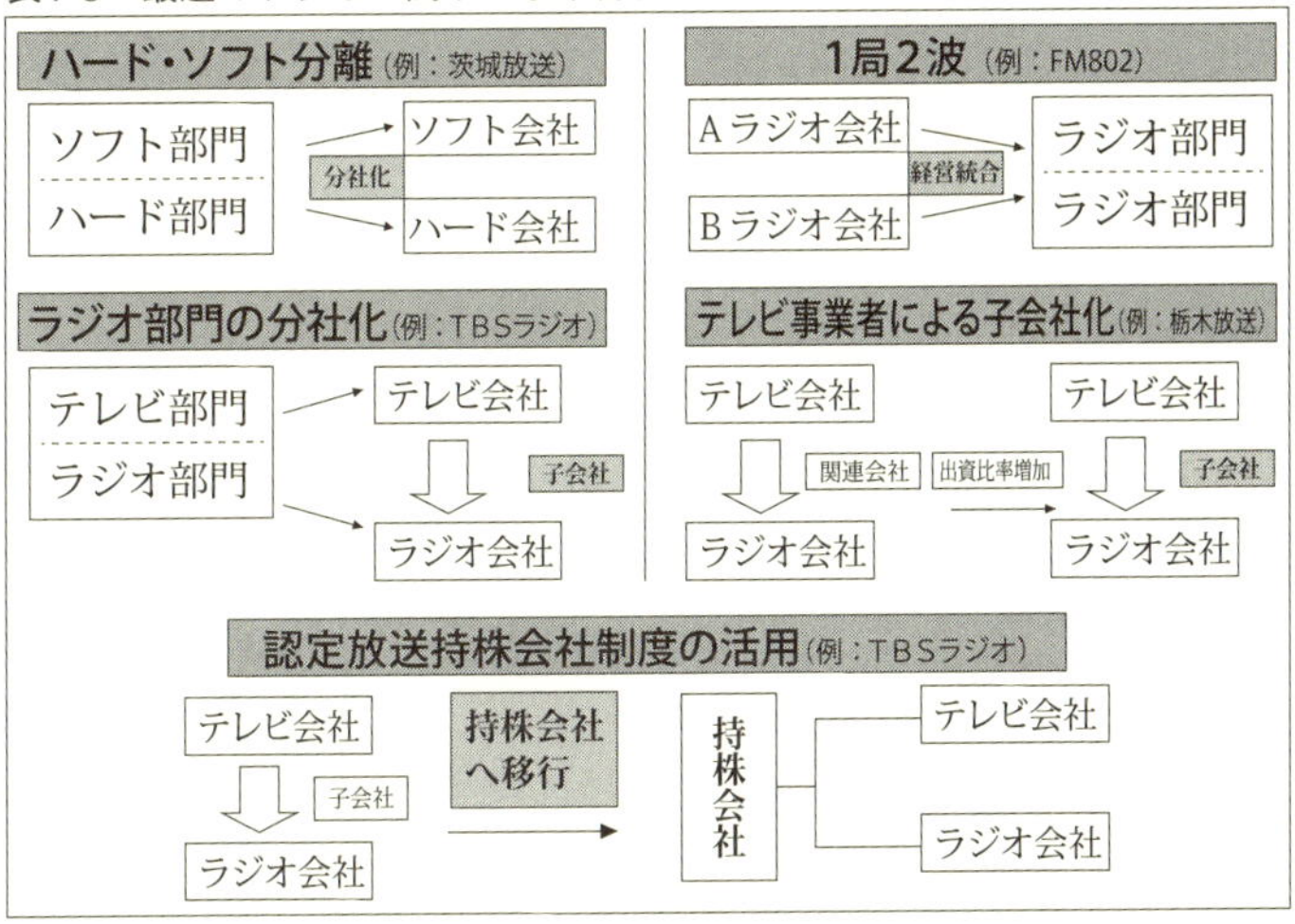

新規採用する際も、放送局本体の高額な給与体系とは別体系でラジオ部門の人員を採用できる。開局以来アナウンスしていたコールサインのＪＯＫＲは「ＴＢＳラジオ＆コミュニケーションズ」が取得し、ＴＢＳテレビは新たにコールサインがＪＯＲＸ－ＤＴＶとなった。

ラジオ部門の分社化はこのほかＳＴＶラジオ（札幌）や中部日本放送（名古屋）でも実施されている。

④テレビ事業者による子会社化

テレビ事業者とラジオ事業者の関係が「関連会社」であるものを「子会社化」するもので、テレビ事業者がラジオ事業者に対する出資比率を五〇％以上にする。「子会社化」を図り、人材交流などを通じて経営を効率化する（表１－９）。

県域ＡＭ局のＦＭ化

平成二六年三月一二日、総務省の諮問機関「電波監理審議会」は既存のＡＭ局に対してＦＭ放送の免許を交付できるようにする答申を決めた。

ＡＭ局によるＦＭ放送は富山県の北日本放送など一部の局にしか認められていなかった。北日本放送はエリアが北朝鮮や韓国など外国の電波が混信する地域で、混信の対策としてＦＭ放送による電波の発信を認められていたが、これに加え今回の答申は高層ビルなどがある都市部や電波が届きにくい地域に対してＦＭ放送の免許を交付するもので、国のラジオ電波に関するこれまでの政策が変更された。この政策変更に関連して国はＡＭラジオ局に対して送信所の整備費の三分の二を補助するほか法人税や固定資産税を優遇する。

ＡＭの送信所は広大な敷地や一〇〇メートルを超える鉄塔などが必要であるが、ＦＭの送信所は高所でありさえすれば敷地は狭くても電波が発信できる利点がある。

加えてＡＭ局の送信所老朽化に伴う更新作業は放送を中断できないため、新しい送信所建設の為に広大な敷地の確保が求められる。ＡＭに比べて音質の良いＦＭは既存のＡＭ局にとって機材更新する上で財政面からも魅力であり、大阪の毎日放送やニッポン放送はＦＭ放送に強い関心を示していた（表１－11）。

表1-11　ＡＭとＦＭの特徴

	ＡＭラジオ（中波放送）	ＦＭラジオ（超短波放送）
周波数	531kHz ～ 1602kHz（中波帯）までの9kHz間隔の周波数	76.1MHz ～ 89.9MHz（超短波帯）までの0.1MHz間隔の周波数
変調方式	振幅変調（ＡＭ変調）	周波数変調（ＦＭ変調）
特徴	●地形等の影響を受けにくく１局当たりのカバーエリアが広い。 ●国境を越えて長距離伝搬するので、夜間になると外国の電波による混信を受けやすい。 ●中波放送の放送局の設置・移転には、国際調整が必要。	●中波放送よりも１局当たりのカバーエリアが狭い。 ●中波放送よりも雑音に強く、高音質のステレオ放送が可能。 ●中波放送と比べて伝搬距離が短く、外国の電波による夜間の混信がほとんどない。
放送開始時期	●ＮＨＫ：1925年（大正14年）3月　社団法人東京放送局が放送開始。 ●民放：1951年（昭和26年）9月　中部日本放送及び新日本放送（現毎日放送）が放送開始。	●ＮＨＫ：1969年（昭和44年）３月　本放送開始。 ●民放：1969年（昭和44年）12月　愛知音楽エフエム放送（現ＦＭ愛知）が本放送開始。

表1-10　民間ラジオ事業者の番組系列（平成24年４月１日現在）

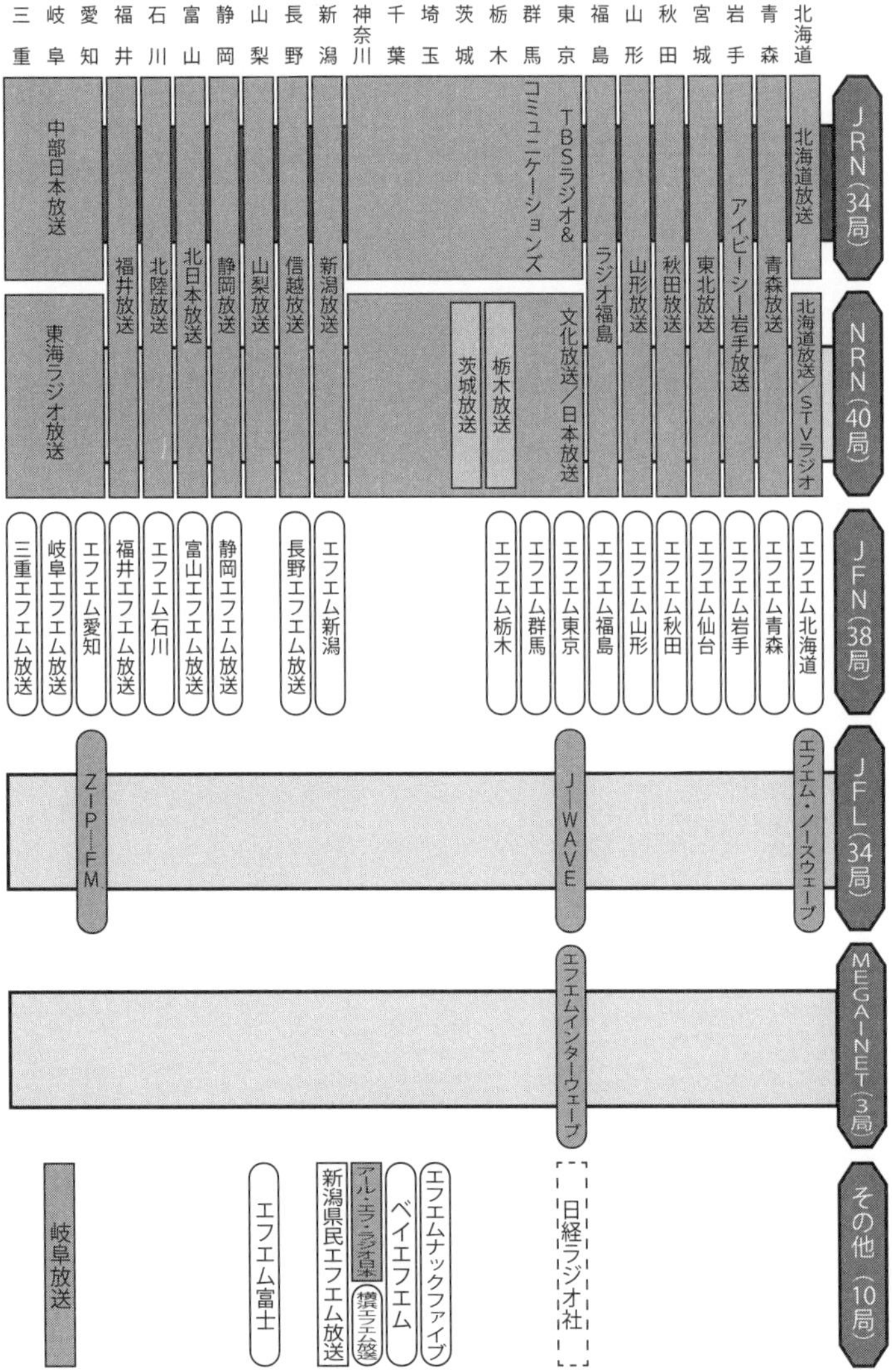

三重
岐阜
愛知
福井
石川
富山
静岡
山梨
長野
新潟
神奈川
千葉
埼玉
茨城
栃木
群馬
東京
福島
山形
秋田
宮城
岩手
青森
北海道
JRN（34局）
NRN（40局）
JFN（38局）
JFL（34局）
MEGA-NET（3局）
その他（10局）
中部日本放送
東海ラジオ放送
福井放送
北陸放送
北日本放送
静岡放送
山梨放送
信越放送
新潟放送
TBSラジオ&コミュニケーションズ
文化放送／日本放送
茨城放送
栃木放送
ラジオ福島
山形放送
秋田放送
東北放送
アイビー・シー岩手放送
青森放送
北海道放送
北海道放送／STVラジオ
三重エフエム放送
岐阜エフエム放送
エフエム愛知
福井エフエム放送
エフエム石川
富山エフエム放送
静岡エフエム放送
長野エフエム放送
エフエム新潟
エフエム栃木
エフエム群馬
エフエム東京
エフエム福島
エフエム山形
エフエム秋田
エフエム仙台
エフエム岩手
エフエム青森
エフエム北海道
ZIP-FM
J-WAVE
エフエム・ノースウェーブ
エフエムインターウェーブ
岐阜放送
エフエム富士
新潟県民エフエム放送
アール・エフ・ラジオ日本
横浜エフエム放送
ベイエフエム
エフエムナックファイブ
日経ラジオ社

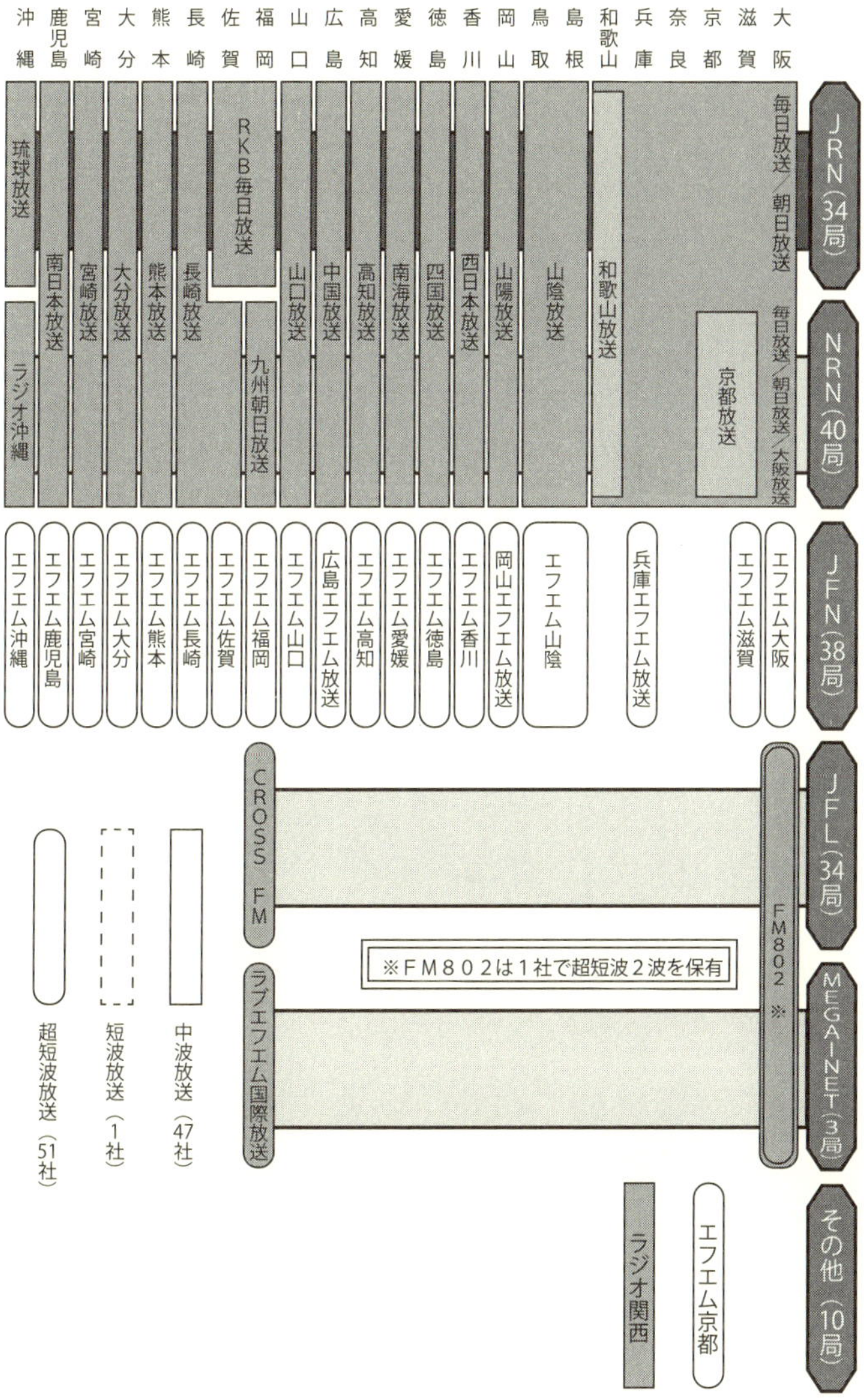
大阪
滋賀
京都
奈良
兵庫
和歌山
島根
鳥取
岡山
香川
徳島
愛媛
高知
広島
山口
福岡
佐賀
長崎
熊本
大分
宮崎
鹿児島
沖縄
JRN（34局）
NRN（40局）
JFN（38局）
JFL（34局）
MEGA-NET（3局）
その他（10局）
毎日放送／朝日放送
毎日放送／朝日放送／大阪放送
京都放送
和歌山放送
山陰放送
山陽放送
西日本放送
四国放送
南海放送
高知放送
中国放送
山口放送
RKB毎日放送
九州朝日放送
長崎放送
熊本放送
大分放送
宮崎放送
南日本放送
琉球放送
ラジオ沖縄
エフエム大阪
エフエム滋賀
兵庫エフエム放送
エフエム山陰
岡山エフエム放送
エフエム香川
エフエム徳島
エフエム愛媛
エフエム高知
広島エフエム放送
エフエム山口
エフエム福岡
エフエム佐賀
エフエム長崎
エフエム熊本
エフエム大分
エフエム宮崎
エフエム鹿児島
エフエム沖縄
FM802※
CROSS FM
ラブエフエム国際放送
※FM802は1社で超短波2波を保有
エフエム京都
ラジオ関西
中波放送（47社）
短波放送（1社）
超短波放送（51社）

第二章

コミュニティ放送の技術基準とは

コミュニティ放送は平成四年一月に制度化され、ＦＭ放送による地域密着型のメディアとして認められた。放送区域は一つの市町村及び隣接する市町村で、制度創設時の出力は一ワットだったものの現在は原則二〇ワットと規定されている。

放送局設立には先願主義が採用されており、申請者が未利用（空き）周波数を見つけて申請し審査基準に合えば先に申請したものが開局可能となる。

これまで全国各地でコミュニティＦＭが開局しているなかで、コミュニティＦＭの在り方や放送体制の改善を視野に平成二三年六月、改正放送法が施行された。

主な改正点はコミュニティ放送が「基幹放送」の枠組みの中に入られ、放送設備の安全性と信頼性を確保し、重大な事故に関する報告制度などを整備したものである。さらに重大以外のすべての放送停止事故についても半年または一年ごとの報告を義務付けている。

コミュニティ放送は改正放送法で地上デジタル局と同様に基幹放送局として位置づけられたが、重大な放送事故の定義を地上デジタル局が「放送停止が一五分以上」と定められているのに対してコミュニティ放送は「放送停止が二時間以上」と決められている。

これは人材や機材が十分でないコミュニティ放送の厳しい経営状況などを考慮して決められたものと推測される。

総務省は技術基準を設けて放送設備の安全性や信頼性の確保に努めており、具体的には左記の九項目の技術基準を定めている。

①予備機器等について……予備機器の設置もしくは配備、故障等の発生時に予備機器に速やかに切り替えるための措置
②故障検出について……故障などの発生時にこれを直ちに検出し運用者へ通知する機能を備える措置
③停電対策について……自家用発電機や蓄電池などの設置、自家用発電機などの燃料の備蓄または補給手段の確保
④耐震対策について……地震による転倒等を防止するための設備の据え付け、設備構成部品の接触不良、脱落を防止するための耐震措置
⑤対雷対策について……落雷による被害を防止するための措置
⑥防火対策について……自動火災報知設備、消火設備の適切な設置
⑦屋外設備について……空中線や支持・設置用の工作物等が気象の変化や外部環境の影響（塩

害・津波）を容易に受けないようにする措置
⑧放送設備を収容する建築物について……堅固で耐久性に富み、放送設備が安定に動作する環境を維持することができる措置
⑨試験機器及び応急復旧機材の配備について……設備の点検・調整に必要な試験機器、故障等の発生時に応急復旧措置に必要な機材等の配備

全国に約三〇〇あるコミュニティＦＭがこれら九項目の基準を順守しているかどうか極めて疑問である。九項目の技術基準は経営が苦しいコミュニティＦＭにとってかなり厳しい内容であるが、放送局を経営する者にとっては当たり前の基準であることを忘れてはならない。なぜなら電波は国民のものであるからだ。公共の電波の使用権を交付する総務省としては厳格な審査が求められる。

コミュニティＦＭ経営は今

コミュニティＦＭの放送は日本では平成四年一二月から函館市で始まった。放送はＦＭ用周

波数の七六・〇メガヘルツから九〇メガヘルツまでを使い、出力は二〇ワット以内と決められている。エリアは原則として市町村内で法人以外にもＮＰＯや組合などでも設立が可能である。エリアが基本的に市町村内と限定されているため営業収入は市町村内の企業からのコマーシャル収入や会費に限られる。

このため売上額に限界があるのは当然である。

総務省がコミュニティＦＭを開局させる要因のひとつに災害時の情報発信がある。平成七年の阪神・淡路大震災時、関西地区のコミュニティＦＭは震災二年前の平成五年七月に開局した「エフエムもりぐち」だけであった。

「エフエムもりぐち」は消防局からの情報や道路情報、被災地の生活関連情報などをきめ細かく放送。コミュニティＦＭが災害時に有力なメディアであることが実証された初めてのケースとなった。このため、阪神・淡路大震災以降に全国でコミュニティＦＭの開局が続出し、阪神・淡路大震災からわずか五年間で二二局から二〇〇局まで激増し現在も開局が各地で相次いでいる（平成二六年七月現在三〇三局が開局、このうちＪＣＢＡ加盟局二一四局）。

コミュニティＦＭの防災機能の有効性についてはこれまでもさまざまな角度から評価されている。

しかし災害は常に発生しているわけではなく平常時にどのような体制で、どのような経営を展開しているか、営業活動は順調なのかについてはほとんど論議されることなく今日に至っている。

このため開局はしたものの売り上げが伴わず閉局に追い込まれた局がこれまでに全国で二〇局（平成二六年六月現在）発生している。

加えて、放送は続けているが赤字が続き累積損失が膨らみ債務超過寸前や債務超過している局がある。これらの局は早晩、会社を清算し閉局を余儀なくされることになるであろう。

総務省九州総合通信局によると九州管内のコミュニティＦＭのうち無借金経営で黒字を出しているのは鹿児島シティエフエムだけで、ほとんどが赤字であるとしている。

赤字になったらどうなるか？

借入金を増やすか、または増資するしかない。

ところが借入金を増やすには銀行からの融資を求めなければならないが、銀行は融資を決める審査基準に過去数年間の決算内容を審査する。毎年赤字が続く会社に融資するはずもなく、いずれ資金繰りに行き詰まる。次の手段として増資を行い、資金繰りを好転させる手立てもあるが、赤字会社に増資をする企業はなかなか見つからない。

この結果、最終的に倒産し閉局となるわけだが、このような流れを理解している経営者は不思議なくらい少ない。決算書の数字の意味を理解できていない経営者もいる。これは社長ポストに座っているだけで満足している「雇われ社長」に多く見られる。このため、いわば「行き当たりばったりの経営」により行き詰まり、閉局に追い込まれるケースが見られる。

経営の実態と財務状況

コミュニティＦＭの売上額はすべての社が公表していないため正確な数字は不明であるが、平均的には三〇〇〇万から五〇〇〇万円であるとされている。

ＮＨＫの放送文化研究所がまとめた資料によると、売上額が①三〇〇〇万円未満のコミュニティＦＭが全体の二三％、②三〇〇〇万円から五〇〇〇万円までが一九・三％、③五〇〇〇万円から七〇〇〇万円までが一八・七％となっている（図２－１）。

つまり約六割のコミュニティＦＭが七〇〇〇万円にも満たない売上額となっている。

当然、支出も売上額の範囲内に抑えなければ黒字は創出できない。

ところが放送に係る経費や一般管理費は売上額の多寡にかかわらず一定の経費がかかる。

総務系、営業系、放送系、技術系にどの程度の人間を配置するかで人件費の総額が決まるわけだが、仮に一人当たりの人件費を年間三〇〇万（社会保険料の会社負担分、賞与年二回、退

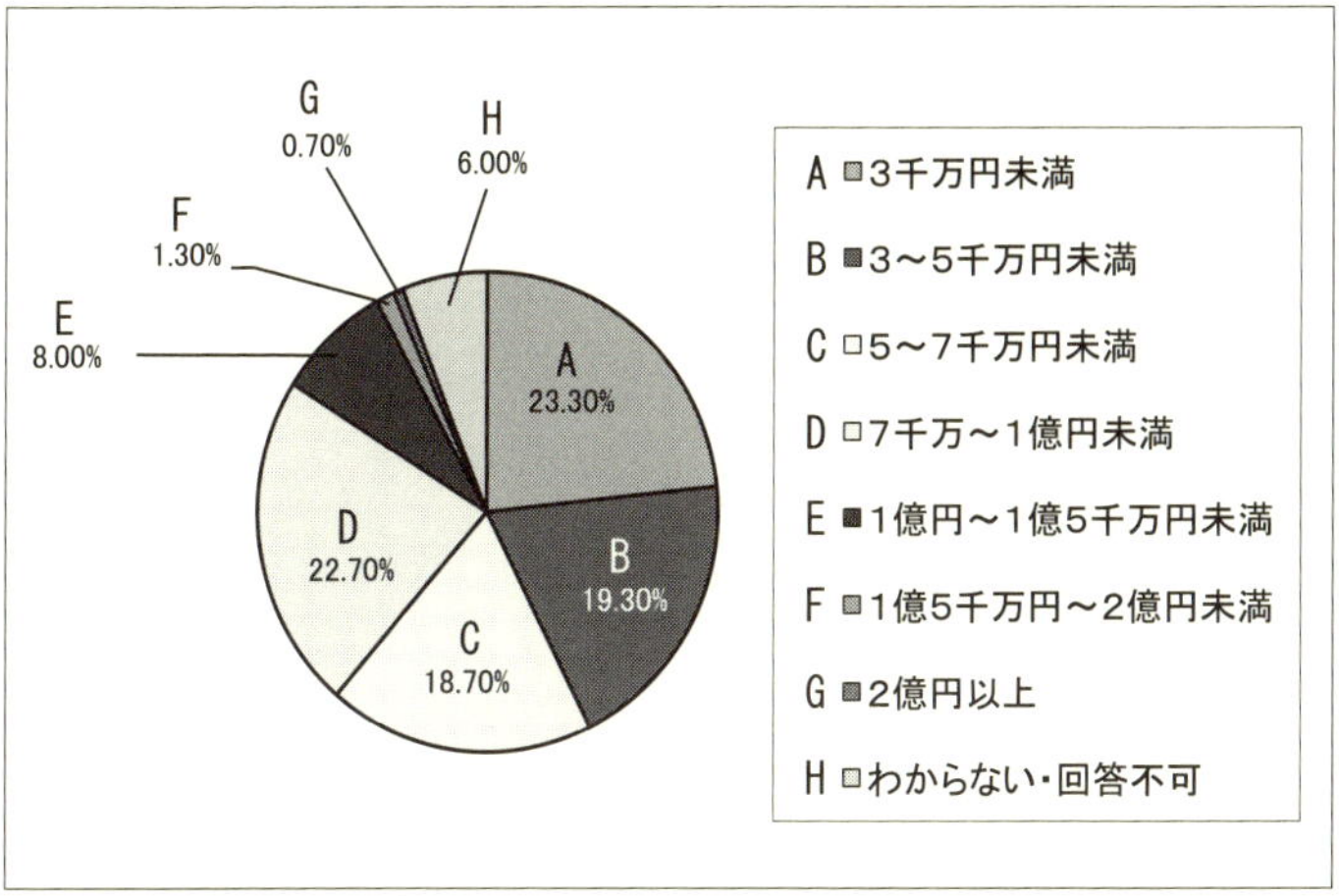

図2-1　年間の売り上げ

職給付引当金等を含む）として、総務系一、営業系二、放送系二、技術系一の合計六人を雇用した場合、社員だけで年間一八〇〇万円の人件費がかかることになる。

役員報酬はこれに含まれていない為、これを加えると社員の人件費と役員報酬の総額は二〇〇〇万円をはるかに超える。

この経費以外にパーソナリティーなど番組制作にかかわるスタッフの経費、著作権使用料、回線費、家賃、水道光熱費、駐車場代、電話代、コピー代などさまざまな経費が発生するが、売上高に対する人件費比率の適正値は当該局の人員配置状況、管理者の経営方針や指導力により異なる。

日本コミュニティ放送協会の荻野喜美雄代表理事（当時）は平成二六年五月、総務省の会合でコミュニティFMの経営状況について「コミュニティ放送局を運営する事業者の形態は株式会社、NPO法人、協同組合などさまざまであり、経営規模も大多数が小規模である。厳しい経済状態のもとで経営基盤も盤石とは言えず、人的にも放送・無線設備面でも必要最小限で賄っているのが現状です」と述べた。荻野喜美雄代表理事の発言を裏書きするように各局の売上高や当期利益は、グラフに示すように極めて厳しい状況が続いている（図2－2）。

少ない人員体制で一〇年連続の黒字を創出している鹿児島シティエフエムの人件費比率は五一・七％である（平成二六年三月期）。

総務系の女性社員が録音、編集、ミキサーを担当したり、第二級陸上無線技術士の資格をもった営業系の男性社員がスタジオ全般の機材管理やイベントの担当者になるなど一人二役、三役の仕事をこなすことで効率的な人員配置が可能となる。しかしこれを実現するためには経営側が放送現場に対する豊富な経験を持ち、強い指導力を有することが絶対条件となる。

このためには一般的な経営感覚に加え、県域の放送局で報道や営業などさまざまな職場の経験がないとなかなか実現は難しい。

鹿児島シティエフエムは開局七年目にあたる平成一六年三月期（第七期）決算から経常利益が黒字となり、その後一〇年連続の黒字が続いている。

開局からの歴史をふり返ると、平成一五年から数年間にわたって鹿児島シティエフエムは大きな岐路に立たされていた。表２－１（業績の推移）に示すように資本金の一億五〇〇〇万円はほとんど使い果たし、残りの自己資本は二八三八万八〇〇〇円。未処理損失（累積損失金）は一億二一六一万二〇〇〇円で債務超過寸前、いわば倒産という「死に至る道」を歩んでいた。開局を推進した当時の鹿児島テレビ放送の経営陣は何ら具体的な救済策を示すことなく退任。

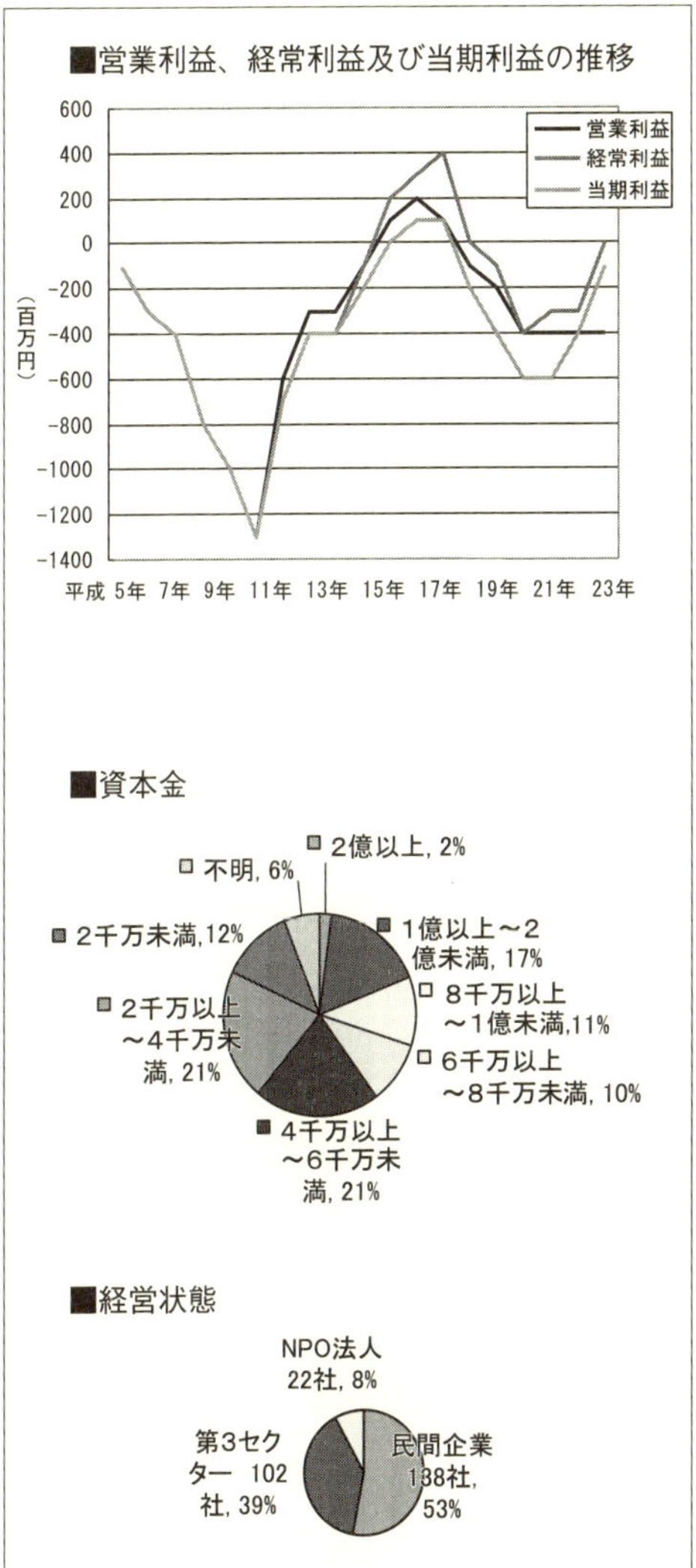

図2-2　コミュニティ放送局の経営状況

（単位:千円、四捨五入）

9期	10期	11期	12期	13期	14期	15期	16期	17期
H17.4 ～18.3	H18.4 ～19.3	H19.4 ～20.3	H20.4 ～21.3	H21.4 ～22.3	H22.4 ～23.3	H23.4 ～24.3	H24.4 ～25.3	H25.4 ～26.3
96,727	102,110	111,305	106,210	91,880	87,442	93,897	82,101	78,632
91,460	93,457	105,567	101,624	87,717	84,626	87,165	79,023	75,454
5,267	8,654	5,738	5,532	4,163	2,815	6,731	3,077	3,178
5,605	8,966	6,400	6,298	4,614	3,190	7,027	3,230	3,365
64,402	61,830	52,242	50,675	55,658	57,293	62,017	57,379	58,128
5,727	6,660	11,891	12,769	11,092	10,386	10,735	10,096	19,001
70,130	68,491	64,133	63,445	66,750	67,679	72,752	67,475	77,130
6,491	6,443	7,027	6,134	6,631	5,795	8,884	3,472	4,153
25,000	**15,000**	**5,000**	**0**	**0**	**0**	**0**	**0**	**0**
150,000	150,000	150,000	150,000	150,000	150,000	150,000	150,000	150,000
111,362	102,952	97,892	94,979	91,586	89,237	86,667	85,996	85,322
38,638	47,048	52,108	55,021	58,414	60,763	63,333	64,004	64,678

表2-1　鹿児島シティエフエム　業績の推移

	1期	2期	3期	4期	5期	6期	7期	8期
	H9.5 〜10.3	H10.4 〜11.3	H11.4 〜12.3	H12.4 〜13.3	H13.4 〜14.3	H14.4 〜15.3	H15.4 〜16.3	H16.4 〜17.3
営業収益	69,780	127,851	106,167	115,096	112,423	94,119	101,707	104,503
営業費用	96,544	152,169	124,516	119,306	115,607	110,902	94,751	93,317
営業利益	△ 26,764	△ 24,318	△ 18,349	△ 4,210	△ 3,184	△ 16,783	6,956	11,186
経常利益	△ 28,069	△ 27,103	△ 21,275	△ 7,275	△ 6,242	△ 18,240	6,926	11,033
流動資産	53,516	42,316	41,706	42,863	43,667	32,954	41,077	58,592
固定資産	61,540	59,813	53,757	48,234	42,504	37,227	17,515	6,489
資産合計	127,356	111,696	102,296	95,197	87,538	70,181	58,592	65,081
流動負債	5,667	7,880	6,039	6,504	5,377	6,550	5,204	6,271
借入金	**0**	**10,000**	**25,000**	**25,000**	**25,000**	**25,000**	**25,000**	**25,000**
資本金	150,000	150,000	150,000	150,000	150,000	150,000	150,000	150,000
未処理損失	28,311	56,184	78,742	86,307	92,839	111,369	121,612	116,190
自己資本	121,689	93,816	71,258	63,693	57,161	38,631	28,388	33,810

加えて出資した全ての株主に対して詳細な説明をすることなく会社を去っていった。周囲からは「あまりにも無責任」という批判を受けた。開局して七年経過しても、よちよち歩きしかできない幼子のような組織で鹿児島シティエフエムは経営を続けていた。

そもそも鹿児島シティエフエムの危険信号は開局直後から露呈していた。資本金一億五〇〇〇万円で開局したが開局二年目に借入金として一〇〇〇万円、三年目までに二五〇〇万円を投入しなければならないような財務実態であったが、この事実に対して開局を推進した当時の経営陣は効果的な改善策を打たないままでいた。そして七年後には未処理損失（累積損失金）が一億二一六一万二〇〇〇円までに膨らんだ。倒産寸前まで追い詰められた。

本格的な経営改革は平成一五年から始まった。全員営業による売り上げの拡大、ワンマンDJによる経費削減、一人二役、三役の業務など徹底的な効率化を推進しこの年、単年度黒字を創出した。単年度黒字は第七期から現在まで一〇年連続達成している。コミュニティFMで一〇年連続の黒字を創出しているのは極めて異例である。

総務省九州総合通信局の中山豊彦放送課長によると平成二三年度の鹿児島県内のコミュニティFM（七社）の総売上額は一億八〇〇〇万円、しかし二四年度は一億六〇〇〇万円にダウン。黒字社は四社（平成二四年度経常利益）で黒字総額は九〇〇万円弱であると話している。

総務省九州総合通信局のまとめでは黒字社は四社であるが「経常利益ベース」ではなく、「営業利益ベース」で黒字社がどの程度あるかは不明である。「経常利益ベース」での黒字は放送事業以外の収入を加算できるため、「営業利益ベース」での実態を知りたいところだ。

加えて家賃や役員報酬などの一般管理費が適正に支出されているか不明で厳密な精査はなかなか難しい。

赤字に苦しむコミュニティFMは全国にも多数ある。

例えば資本金一億二〇〇〇万円で開局した「エフエム世田谷」の第一六期貸借対照表（平成二四年三月三一日）によると、累積損失が一四六〇万三五八一円ある。このため「エフエム世田谷」は三カ月後の平成二四年七月一日に「世田谷サービス公社」に吸収された。放送事業は世田谷サービス公社の一部門として続けているが、「エフエムによる放送事業」だけでの経営は前途が厳しい。

北海道岩見沢市の「コミュニティエフエムはまなす」は資本金三六〇〇万円で平成八年四月一日に開局した。同局の第一八期決算報告書（平成二五年三月三一日）によると未だに累積損失金七二二万三五二九円を計上している。

新潟市の「エフエム新津」は平成二五年三月期の決算で当期損失が八四万一八三四円を計上

しており、累積損失は一五三二万五七三二円（平成二四年三月期）を抱えている。

しかしこれらの局の累積損失額は比較的に少ない方で、資本金一億円前後で開局したコミュニティFMのなかでは三〇〇〇万円から五〇〇〇万円の累積損失額を抱えている局が多くみられる。

私が平成二六年七月に取材した霞ヶ関の総務省情報流通行政局によると西日本地区のコミュニティFMでは累積損失を抱え毎年赤字経営で苦戦している局が多くみられると分析している。

コミュニティFMが全国各地の多くの局で累積損失を抱えたり、赤字経営に苦しんでいるのは事実で、今後、財務内容を改善し企業としての持続性をいかに保持していくか大いに注目される。

総務省の分析

総務省はコミュニティFMの経営状況について平成二四年度の各局の決算資料に基づきまとめている。

業界全体の売上高は一一五億円（平成二四年度）で過去二年間とほぼ変わらない。営業利益は平成二一年度（マイナス四億七〇〇〇万円）から毎年赤字が続き、平成二四年度は二億七四〇〇万円の赤字を計上している。

一方、経常利益（平成二四年度）は一八〇〇万円の黒字となっているが、これは営業外収入として国からの雇用助成金や各種補助金などを計上した結果と推測される。当期利益（平成二四年度）は三億三二〇〇万円の赤字となっている。これは特別損失として固定資産除却損や貸倒れ損失、前期損益修正損などを計上した結果と推測される。

平成二四年度の三億三二〇〇万円の赤字総額を、決算資料を提出した二五〇局で単純に割ると一局あたり一三二万円の赤字額となるが、総務省は六割にあたる一四〇局が当期利益で黒字と分析している。しかし各局が提出した財務資料のなかで役員報酬を含めた人件費や家賃などの一般管理費が適正に計上されているかどうか疑問である。

私が各局の社長らに取材した範囲では利益創出のために役員報酬は別会社から支給、または月額一五万円前後。社員の人件費はボランティアであるため無償、家賃や水道光熱費は親会社の一室を借りているため無償などと答えている。

この結果、決算時の損益計算書では「表面上は黒字になっている」と推測される。もちろん一四〇局すべての局がこのような実態であるとは言えないが、総務省へ提出された決算報告書を細かく分析するともっと厳しい結果になると思われる。

コミュニティＦＭの経営状況につて総務省は「減益、欠損増、赤字転化の合計が一一六局と昨年度に引き続き厳しい経営状況となる傾向が続いている」（傍線は筆者）とまとめているが、どうすればこれが改善されるか？　もし改善されなければどうなるか？　現実をもっと厳しく見つめる必要がある。

コミュニティＦＭの免許交付の条件に収支計画の厳しいチェックが欲しいところだ。

決算書でみるコミュニティＦＭ

■西宮コミュニティ放送（兵庫県西宮市）

平成一〇年三月に開局した西宮コミュニティ放送は資本金九〇〇〇万円で、このうち西宮市が一〇％（九〇〇万円）を出資した。開局時の巨額投資などにより累積損失は六四〇〇万円（平成二三年三月期）に達している。表２－２に示すように平成二二年度（平成二三年三月期）の売上高は五二〇〇万円でその八割が西宮市からの委託金（四二〇〇万円）による売り上げとなっ

表2-2　西宮コミュニティ放送　(単位：百万円)

科　目	平成10年度	平成15年度	平成20年度	平成22年度
売上高（内、市の委託金）	18 【6】	50 【36】	54 【42】	52 【42】
売上原価	46	37	43	43
売上総利益	**▲27**	**13**	**10**	**9**
販売費及び一般管理費	16	9	9	8
営業利益	**▲44**	**4**	**1**	**0**
営業外損益	▲ 3	0	▲0	▲0
経常利益	**▲48**	**4**	**1**	**0**
特別損益	―	―	―	▲0
税引前当期純利益	**▲48**	**4**	**1**	**0**
法人税等	―	―	0	0
当期純利益	**▲48**	**4**	**1**	**0**
人件費	15	23	23	22
減価償却費	6	1	2	2

(注) 百万円未満は切捨てているため、計が合わないときがある。▲はマイナス。

ている。

平成一九年に成立した「地方公共団体の財政の健全化に関する法律」は公社や第三セクターによる負債や赤字についても明らかにすることを求めている。

これを受けて西宮市は第三セクター等経営検討委員会を組織し、平成二四年一月に「西宮コミュニティ放送株式会社に関する報告書」をまとめた。平成二三年六月七日から平成二三年一二月二二日まで八回にわたってさまざまな検討が行われ、公認会計士、弁護士、大学教授二人の合計四人による経営検討委員会がまとめた報告書はA4サイズの用紙三八枚に詳しく分析されている。

この報告書などをもとに西宮コミュニティ放送の経営の実態を詳しく紹介する。

西宮コミュニティ放送

西宮コミュニティ放送は平成七年一月の阪神・淡路大震災を教訓にその三年後に開局した。

株主は西宮市のほか五〇人。職員は七名。代表取締役社長は西宮市役所の出身者が就任し、愛称は「さくらＦＭ」で市内の地域情報などを流している。

総務省の指針によると「第三セクター等で短期貸付などによる支援は当該第三セクターが経営破綻した場合、地方公共団体の財政収支に影響を及ぼす恐れがあることから早期に見直すべき」としている。これを受けて西宮市は経営改善のための委員会を組織した。

西宮コミュニティ放送は開局三年目の平成一三年から資金繰りに行き詰まり、西宮市から資金の借り入れを行っている。借入額は平成二二年度で三〇〇〇万円（表２－３）。

他地区のコミュニティＦＭでもみられるように民間スポンサーの撤退が相次ぎ売上額の減少が深刻な問題となっている。加えて売上高に占める市からの委託金は八〇％（四二〇〇万円）に達しており民間スポンサーからの収入だけでは利益が出ない経営状況になっている。放送事業を運営するための人件費など固定費の支出は市の委託金により賄っているといえる。

表2-3　西宮コミュニティ放送財政状態　（単位：百万円）

科　目	平成10年度	平成15年度	平成20年度	平成22年度
流動資産	12	16	45	50
現預金	7	1	38	44
営業未収入金	3	14	6	5
その他流動資産	1	0	0	0
固定資産	56	32	14	10
有形固定資産	56	32	14	9
無形・投資その他資産	10	0	0	0
繰延資産	9	0	0	0
資産合計	79	48	60	60
流動負債	11	42	35	34
未払金	2	3	1	1
短期借入金	**8**	**39**	**30**	**30**
前受金	0	0	3	1
その他流動負債	0	0	0	0
固定負債	29	0	0	0
負債合計	40	42	35	34
資本金・資本剰余金	90	90	90	90
繰越利益剰余金	▲51	▲84	▲65	▲64
純資産合計	38	5	24	25
負債・純資産合計	79	48	60	60

（注）百万円未満は切捨てているため、計が合わないときがある。▲はマイナス。

表2-4　西宮コミュニティ放送キャッシュ・フローの状況　（単位：百万円）

科　目	平成10年度	平成15年度	平成20年度	平成22年度
営業キャッシュ・フロー	▲14	▲3	3	2
営業収入	21	46	59	55
人件費支出	▲15	▲28	▲23	▲22
放送費	▲26	▲10	▲19	▲18
その他の支出	▲16	▲8	▲14	▲13
財務キャッシュ・フロー	22	▲3	－	－
現預金の増減額	▲14	▲3	3	2
現預金期末残高	7	1	38	44

西宮コミュニティ放送㈱に関する報告書より

（参考）

市の委託金	6	36	42	42
市の委託金が無い場合の営業キャッシュ・フロー	**▲20**	**▲39**	**▲39**	**▲40**

（注）百万円未満は切捨てているため、計が合わないときがある。営業キャッシュ・フローは、営業利益に減価償却費（支出を伴わない費用）を加算したものとしている。▲は支出。

キャッシュ・フローを示す資料によると市の委託金がない場合の営業キャッシュ・フローは平成二二年度で四〇〇〇万円が不足した（表２－４参考）。

これは自治体依存の「甘えの構造」が導いた極めて厳しい財務内容といえる。

西宮コミュニティ放送と同様な財務状況の局は他地区で存在することが十分に予想されるが、その詳細な経営実態は表面化していない。

ＪＣＢＡ（日本コミュニティ放送協会）も各局の財務内容を把握したいところだが、さまざまな「お家の事情」により現状は不明である。

経営悪化の原因は左記の三点が指摘される。

①開局当時の多額な設備投資で資本金の大部分を使った結果、運転資金が無くなった。

このケースは他地区のコミュニティＦＭで

もみられる。

例えば平成九年に開局した鹿児島シティエフエムでも開局後に資金ショートし二五〇〇万円を借り入れたが、その後さまざまな経営改革を断行し、平成一六年までに全額返済し、現在、無借金経営で単年度黒字が一〇年連続続いている（平成二六年三月期現在）。コミュニティＦＭで無借金経営の局は少ない。
②スポンサーの撤退による売上高の減少。
不況やインターネット広告の増加などによりラジオ全体の広告費が減少しており、売上減は各局の共通課題である。これを乗り越えるためには電波だけの販売にとどまらず、電波と紙媒体（フリーペーパーの製作など）、電波とイベント（スポーツ大会など）の複合的な商品構成が必要である。複合的な商品構成が欠落すると民間スポンサーの撤退に拍車がかかり売上減につながる。
③事業担当者の不在。
これは西宮コミュニティ放送の独特の要因で経営陣のビジネス感覚が希薄である。西宮市からの依存体質により、このような経営風土を生んでいるのかもしれない。

以上三点を総合すると早期に黒字転換することは困難である。

西宮市から多額の財政支援をうけているにもかかわらず、赤字が続き、黒字化への経営改善が難しい現実に対して市民から「税金の無駄遣いである」と指摘されてもやむを得ない。「西宮コミュニティ放送株式会社に関する報告書」では西宮コミュニティ放送は「市民生活に密着した地域情報を流すという役割を十分に果たしているとは言い難い」とまで厳しく言及している。

さらに今後の対応策として①経営体制を変更し第三セクターとして継続、②放送設備に対する負担の軽減、③増資、④市による長期貸付、⑤民営化、⑥事業譲渡の六つの方策を提言し、それぞれの場合のメリットとデメリットを列記している（表2－5）。

表2－5①の「その他の課題」の中で言及されているように、「放送事業に精通した人材が得られるか……」が重要なポイントになると思う。

今後の取り組みは大前提として西宮コミュニティ放送の自らによる経営努力を求めたうえで第一ステップとして放送設備に係る減価償却費などの負担軽減策と西宮市からの長期資金の貸し付け。第二ステップとして民間企業への事業譲渡または市外郭団体への事業譲渡を提言しており、事業の引受者がいなければ最終的には清算も視野にいれている。

西宮コミュニティ放送は経営体質、営業努力、放送活動による地域への浸透などすべてにわたって問題があったことはさまざまな事実からも推測できる。

表2-5　西宮コミュニティ放送に関する報告書

①経営体制を変更した上で第三セクターとして継続

説　明	代表取締役など経営者を交代させて西宮コミュニティ放送を継続する
西宮コミュニティ放送のメリット、デメリット	（メリット） ・新経営者の視点による民間企業の手法活用が期待でき経営改善につながる可能性がある。 （デメリット） ・実績のある経営者を迎え入れるためには相応の報酬が必要となる可能性がある。
市のメリット、デメリット	（デメリット） ・役員報酬が増加した場合、その分の支援を西宮コミュニティ放送から求められる可能性がある。
その他の課題	・役員の改選には、株主総会の決議が必要。 ・放送事業に精通した人材が得られるかどうか不明である。 ・報酬に見合う成果が得られるかどうか不明。

②放送設備に係る負担軽減

説　明	・市が西宮コミュニティ放送から全てまたは一部の放送設備を譲りうける事により、同社の負担を軽減する。 ・市所有となった放送設備は同社に貸与する。
西宮コミュニティ放送のメリット、デメリット	（メリット） ・リース料等貸与の条件によるが、設備の減価償却、維持管理、更新等にかかる経費が削減できる。 ・貸与条件によっては、設備の維持管理に係る市からの委託料が得られる。 ・譲渡の条件によっては、放送設備の譲渡益が得られる。 （デメリット） ・譲渡の条件によっては、放送設備の譲渡損失が発生する。
市のメリット、デメリット	（デメリット） ・譲受条件によっては、設備の買受費用が必要となる。 ・貸与の条件（維持管理の負担、賃料）によるが、財政負担が増加する。 ・設備更新時は更に財政負担が増加する。
その他の課題	・放送設備の譲渡には、株主総会の決議が必要。

③増資

説　明	資本金を増額することによって資金を調達する手法
西宮コミュニティ放送のメリット、デメリット	（メリット） ・資金繰りが改善できる。 （さらに減資した場合は累積損失を解消できる。）
市のメリット、デメリット	（市が増資を引き受ける場合のメリット） ・出資金額の増加により、配当を得られるようになった場合、配当金が増加することになる。 ・会社の資金繰りの改善により、貸付の解消につながる可能性がある。 （市が増資を引き受ける場合のデメリット） ・財政負担は一時的に増加する。 ・出資金額の増加により、会社の累積損失が増加した場合のリスクが増大する。
その他の課題	・増資の引受先を見つける必要がある。 ・資本金が1億円を超えると、税務上の優遇措置が受けられなくなる。 ・増資により、既存株主の持ち株比率が低下する場合、既存株主が反対する可能性がある。 ・累積損失の解消、単年度損益の改善に直接つながらない。（さらに減資を実施すれば累積損失を解消できる。）

④市による長期貸し付け

説　明	市が西宮コミュニティ放送に対して資金を貸し付け、複数年で返済させる手法
西宮コミュニティ放送のメリット、デメリット	（メリット） ・資金繰りが改善できる。 （デメリット） ・借入金の返済が必要。 ・利息の負担が必要
市のメリット、デメリット	（メリット） ・短期貸付が解消できる。 ・利子収入が得られる。 （デメリット） ・貸付金の財源が必要となる。
その他の課題	・累積損失の解消、単年度損益の改善に直接つながらない。 ・貸し倒れを防止するために西宮コミュニティ放送の経営状況のモニタリングが必要となる。

⑤民営化

説　明	市が保有する株式を民間に売却
西宮コミュニティ放送のメリット、デメリット	・特になし。
市のメリット、デメリット	（メリット） ・全額ではないにしても、一部の出資金額は回収できる。 （デメリット） ・多額の累積損失を抱える現状では、出資金額の全額は回収できない。
その他の課題	・多額の累積損失を抱える現状、市の委託料を除くと、単年度損益が赤字である現状では、株式の引受先をみつける事は困難。 ・他の株主と協調した株式売却の検討が必要となる可能性がある。 ・株式譲渡には、取締役会の承認が必要。 ・会社の経営改善に直接つながらない。

⑥事業譲渡

説　明	会社が保有する資産、事業を他者に譲渡し、西宮コミュニティ放送を清算する手法
市のメリット、デメリット	（メリット） ・譲渡金額によるが、一部の出資金額は回収できる可能性がある。 （デメリット） ・譲渡金額によるが、多額の累積損失を抱える現状では、出資金額の全額は回収できない可能性がある。
その他の課題	・株主総会の決議が必要。 ・清算を伴うため、既存株主が反対する可能性がある。 ・従業員の雇用の問題がある。 ・西宮コミュニティ放送は目ぼしい固定資産がない。 ・多額の累積損失を抱え、市の委託料を除くと、単年度損益が赤字である現状では譲受人を見つける事は困難と考えられる。 ・譲受人が西宮コミュニティ放送の受けている電波法の免許を承継するには、総務大臣の許可が必要となる。 ・電波法、放送法の規定により既存の他放送局は原則譲受人となれない。 ・市の外郭団体に提案しても快諾するとは考えにくく、購入にかかる費用などについて市が支援を求められる可能性がある。 ・譲受団体の他の事業に紛れて放送局の運営状況、放送局に対する市の関与が不透明にならないように透明性を確保し、市民に対して説明責任を果たす必要がある。

■エフエム世田谷【世田谷サービス公社】（東京都世田谷区）

「エフエム世田谷」は資本金一億二〇〇〇万円で平成一〇年七月三〇日に開局。世田谷区は出資比率の四五％にあたる五四〇〇万円を出資。残りは民間企業七社が出資した。

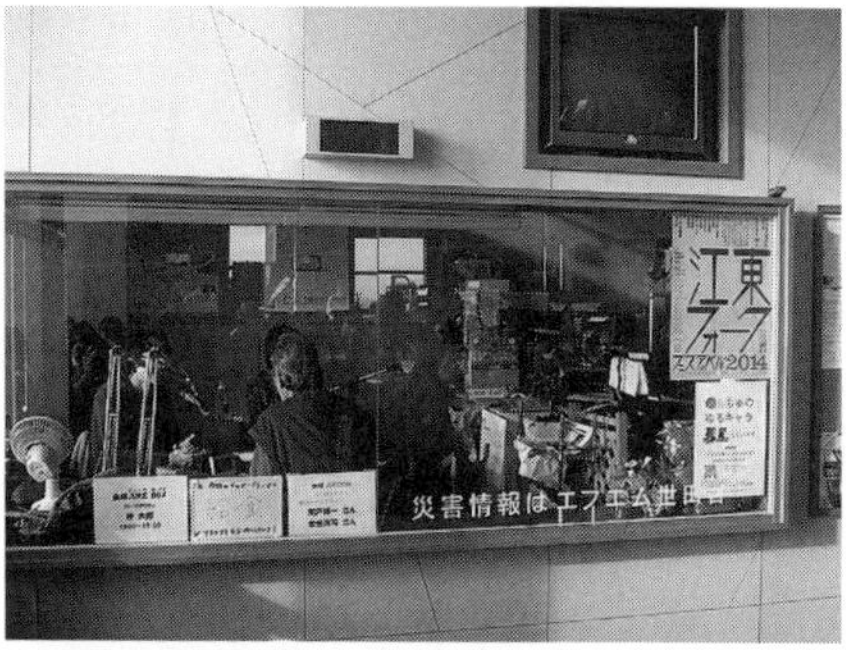

エフエム世田谷のスタジオ風景

エリア内人口が二八〇万人で二四時間放送を実施。アナウンス講座なども行い事業展開してきた。しかし開局から一四年間、さまざまな経営努力を続けたにもかかわらず、平成二四年七月一日、世田谷サービス公社と経営統合し、エフエム放送事業は世田谷サービス公社の一部門として組織再編された。

「エフエム世田谷」は平成二四年三月三一日現在で繰越利益剰余金（累積損失金）をマイナス一四六〇万三五八一円抱えていた（表２－６）。

私が世田谷区役所を取材で訪れた際に、直接入手した損益計算書と貸借対照表によると経営統合直前の平成二四年四月

表2-6　エフエム世田谷　貸借対照表（平成24年３月31日現在）

（単位：円）

資産の部		負債の部	
科　目	金　額	科　目	金　額
【流動資産】	102,443,782	【流動負債】	9,701,435
現金・預金	80,740,315	買掛金	2,402,575
売掛金	22,001,017	未払金	2,395,420
前払費用	210,000	未払法人税等	1,332,400
立替金	40,000	未払消費税	1,751,300
未収入金	1,200	前受金	1,078,350
貸倒引当金	−548,750	預り金	461,240
【固定資産】	12,654,072	出演者等預り金	280,150
【有形固定資産】	11,278,178	負債の部合計	9,701,435
建物付属設備	6,222,323	純資産の部	
工具器具備品	1,248,395	【株主資本】	105,396,419
機械装置	3,807,460	資本金	120,000,000
【無形固定資産】	775,894	利益剰余金	−14,603,581
電話加入権	742,560	その他利益剰余金	−14,603,581
ソフトウェア	33,334	**繰越利益剰余金**	**−14,603,581**
【投資その他の資産】	600,000		
敷金	600,000	純資産の部合計	105,396,419
資産の部合計	115,097,854	負債及び純資産の部合計	115,097,854

表2-7　エフエム世田谷　損益計算書（平成23年４月１日～平成24年3月31日）

（単位：円）

科目	金額	
【売上高】		
売上高	154,663,739	
売上高合計		154,663,739
【売上原価】		
当期制作原価	89,421,108	
	89,421,108	
		89,421,108
売上原価		89,421,108
売上総利益金額		65,242,631
【販売費及び一般管理費】		
販売費及び一般管理費		56,670,543
営業利益金額		**8,572,088**
【営業外収益】		
受取利息	14,632	
雑収入	764,343	
営業外収益合計		778,975
経常利益金額		9,351,063
税引前当期純利益金額		9,351,063
法人税住民税及び事業税		1,043,000
当期純利益金額		8,308,063

表2-8　エフエム世田谷　財政状況

（単位：百万円）

項目	20年度決算額	21年度決算額	22年度決算額	23年度決算額	備考
売上高	162	162	147	155	
区からの売上高	**49**	**51**	**44**	**46**	
営業利益	5	7	−7	8	
経常利益	6	7	−7	9	

**表2-9　世田谷サービス公社（被合併法人エフエム世田谷）
損益計算書（平成24年４月１日～６月30日）**

（単位：円）

科　目	金　額	
【売上高】		
売上高	30,334,127	
売上高合計		30,334,127
【売上原価】		
当期制作原価	18,424,472	
	18,424,472	
		18,424,472
売上原価		18,424,472
売上総利益金額		11,909,655
【販売費及び一般管理費】		
販売費及び一般管理費		13,225,799
営業損失金額		1,316,144
【営業外収益】		
雑収入	17,617	
営業外収益合計		17,617
経常損失金額		1,298,527
【特別利益】		
その他の特別利益	548,750	
特別利益合計		548,750
税引前当期純損失金額		749,777
法人税住民税及び事業税		7,105,200
当期純損失金額		**7,854,977**

一日から同年六月三〇日までの当期純損失は七八五万四九七七円。平成二四年六月三〇日現在の繰越利益剰余金（累積損失金）はマイナス二二四五万八五五八円となっている。このような財務状況から同年七月一日付で経営統合に踏み切らざるを得なかった（表2－9・10）。

世田谷区が平成二四年八月に発表した「世田谷区における外郭団体改善の取り組み」によると表2－8に示すように世田谷区からの売上高は平成二〇年度で四九〇〇万円、平成二一年度五一〇〇万円、平成二二年度四四〇〇万円、平成二三年度四六〇〇万円で推移している。平成二三年度は八五七万二〇八八円の営業利益を創出しているが仮に世田谷区からの売上高が二〇％

表2-10　世田谷サービス公社（被合併法人エフエム世田谷）
（平成24年６月30日現在）

（単位：円）

資産の部		負債の部	
科目	金額	科目	金額
【流動資産】	99,715,807	【流動負債】	13,889,080
現金・預金	79,330,910	買掛金	1,749,605
売掛金	19,979,897	未払金	2,187,875
前払費用	361,515	未払法人税等	7,006,100
立替金	40,000	未払事業税	99,100
仮払金	1,910	未払消費税	492,300
未収入金	1,575	前受金	2,354,100
【固定資産】	11,714,715	負債の部合計	13,889,080
【有形固定資産】	10,372,155	純資産の部	
建物付属設備	5,917,506	【株主資本】	97,541,442
工具器具備品	1,149,929	資本金	120,000,000
機械装置	3,304,720	利益剰余金	−22,458,558
【無形固定資産】	742,560	その他利益剰余金	−22,458,558
電話加入権	742,560	**繰越利益剰余金**	**−22,458,558**
【投資その他の資産】	600,000		
敷　金	600,000	純資産の部合計	97,541,442
資産の部合計	111,430,522	負債及び純資産の部合計	111,430,522

（九二〇万円）減額されたたちまち赤字に転落する。

一方、番組面では区民参加番組が一週間に一五本。区内のスポンサーが六二社。ホームページのアクセス数が一カ月八万三〇〇〇件。人員構成は常勤役員が一人。社員三人、契約社員一人、嘱託等が三人の体制となっている。

大株主の世田谷区は世田谷サービス公社との合併を受けて今後、組織体制や経営面の再検討が必要であると指摘。これを受けてエフエム放送事業は編成部と営業部が放送事業部に一本化されたがさらに効率的な運営が必要であるとしている。また、日常的に聴いてもらえる番組作りに努め、災害時に素早く放送できる体制の整備や周辺地域のコミュニティFMとの連携した情報発信が今後取り組むべき課題としている。

■エフエム宝塚（兵庫県宝塚市）

人口二三万人の兵庫県宝塚市。ここにコミュニティFMが開局したのは平成一二年九月二五日。資本金八〇〇〇万で株主は宝塚市役所、宝塚商工会議所、阪急電鉄など三二法人を数える。このうち宝塚市役所の持株比率は五〇％に達する。

エフエム宝塚は「阪神・淡路大震災」を教訓に地域の情報発信と地域情報の集約基地としてきめ細かい情報を市民へ提供することを目的に設立された。市職員が一人派遣され、非常勤の役員六人の下で正社員五人、契約・臨時職員五人の一六人の役職員で構成されているが、このうち常勤者は市職員・正社員・契約・臨時職員の一一人である。

平成二五年九月二〇日現在、正社員の平均年齢は三六歳。正社員の平均年間給与は三四四万円である。

平成二二年度から平成二四年度までの決算額は表2－11に示す通りである。平成二四年度の事業活動収入（経常収益）の六六三八万九〇〇〇円に投資・財務活動収入（特別利益）を加えた総収入は六六四二万円。一方、事業活動支出など総支出は六五一八万三〇〇〇円で当期収支

表2-11　エフエム宝塚　財務状況

（注）企業会計の場合は、【　】の項目として参照のこと。単位（千円）

	決算年度	平成22年度（決算）	平成23年度（決算）	平成24年度（決算）
収支	事業活動収入【経常収益】	64,925	67,457	66,389
	事業収入【売上高】	64,768	67,349	66,313
	自主事業収入	11,026	14,535	13,632
	利用料金収入（指定管理）	0	0	0
	会費・寄附・協賛金など	0	0	0
	補助金など	53,742	52,814	52,681
	市からの収入	53,742	52,814	52,681
	市補助金	0	0	0
	市委託料・指定管理料	51,519	51,519	51,519
	その他	2,223	1,295	1,162
	運用益・その他【営業外利益】	157	108	76
	経常利益	4,222	3,146	1,748
	投資・財務活動収入【特別利益】	31	33	31
	総収入	64,956	67,490	66,420
	事業活動支出【経常経費】	60,639	64,311	64,641
	人件費	22,865	22,546	23,731
	市委託事業の再委託費	0	0	0
	支払利息・その他【営業外費用】	64	0	0
	投資・財務活動支出【特別損失】	0	0	0
	（企業会計）【法人税等】	1,116	879	542
	総支出	61,819	65,190	65,183
	当期収支差額【当期純利益】	3,137	2,300	1,237
	前期繰越収支差額（公益法人会計）	△3,303	△166	2,134
	次期繰越収支差額（公益法人会計）	△166	2,134	3,371

差額（当期純利益）一二三万七〇〇〇円を創出している。

当期収支差額（当期純利益）は平成二二年度三一三万七〇〇〇円、平成二三年度二三〇万円となっているが、市職員の人件費などは総支出のなかに含まれていない。市職員の人件費を入れると赤字は免れない。

経営の「自立性」「安定性」「収益性」については表2－12に示すように数値化された指標で経営判断を行っている。

このうち自己資本比率は平成二二年度から九〇％前後で推移しており極めて安定している。経常利益率は平成二二年度が六・五％、平成二三年度四・七％、平成二四年度二・六％でコミュニティFMとしては健闘している。

ほとんどのコミュニティFMが抱えている累積欠損金も平成二四年度からはなくなり極めて表面上は無難な経営となっている。

しかし宝塚市からの委託料が七八・三％（平成二三年度）、金額にして五二八一万四〇〇〇円に達している。「エフエム宝塚」の自治体依存率はコミュニティFMのなかでも極めて高い（表2－13）。

このような経営状況の中で宝塚市は「経営基盤が市の受託に依存しないことが望ましい。しかしエリアが限定されているコミュニティFMの特性から放送によるスポンサー獲得には限界

表2-12　エムエム宝塚　活動指標

			平成22年度	平成23年度	平成24年度
自立性	市補助金依存率	市補助金収入	0.00%	0.00%	0.00%
		経常収益			
	市受託事業依存率	市受託事業収入	**79.40%**	**76.40%**	**77.60%**
		経常収益			
	市事業の再委託率	市委託事業の再委託費	0.00%	0.00%	0.00%
		市委託料・指定管理料			
	市OB・支派遣職員の割合	市OB・市派遣常勤職員数	0.00%	0.00%	0.00%
		常勤役職員総数			
安定性	**自己資本比率**	正味財産合計	**89.70%**	**89.90%**	**90.40%**
		資産合計			
	流動比率	流動資産	1899.80%	1436.70%	1220.30%
		流動負債			
	固定比率	固定資産	20.20%	18.60%	17.30%
		正味財産合計			
収益性	売上高経常利益率	経常利益	**6.50%**	**4.70%**	**2.60%**
		売上高			
	総資本経常利益率	経常利益	4.70%	3.40%	1.90%
		総資産			

表2-13　平成23年外郭団体経営等状況表（エフエム宝塚）

（千円）	平成22年3月期	平成23年3月期	平成24年3月期
総資産	88,690	89,012	91,329
負債	11,993	9,177	9,194
純資産	76,698	79,835	82,135
累積欠損金	**-3,302**	**-165**	**2,135**
市委託料	53,795	53,742	**52,814**
	82.70%	81.50%	**78.30%**
総収入	65,037	64,956	67,490
総支出	60,665	61,819	65,190
当期損益	4,372	3,137	2,300

があることも事実である」と分析し、「エフエム宝塚が生活に必要な情報源として市民に認知してもらえるように取り組む必要がある」としている。

■コミュニティエフエムはまなす（北海道岩見沢市）

札幌市から北東へ車で三〇分。人口八万七〇〇〇人の岩見沢市にコミュニティFMが開局したのは平成八年四月。資本金三六〇〇万円。主な株主は岩見沢市が二七・八％、昭和マテリアル一六・七％、IHK岩見沢放声協会一六・七％、東光電機工業一一・一％となっている。エリア内人口は九万三〇〇〇人で二四時間放送を続けている。株主のなかでIHK岩見沢放声協会は岩見沢市内で街頭有線放送を行う独特の放送会社である。創業が昭和二四年であるから六五年の歴史を有する。「コミュニティエフエムはまなす」の役員は代表取締役社長のほか取締役三人、監査役一人。社員やアルバイトの数は不明だが警察や消防からの緊急放送のほか地域の運動会情報などきめ細かく地域情報を流している。

平成二五年三月末での第一八期決算報告書（表2－14）によると売上高が二三九二万六二一三円、売上原価が一五五万二九四四円、一般管理費が二〇五四万二二七六円で営業利益は一八三万九九三円。経常利益二二四万一八一九円、当期純利益二〇三万五八一九円となっている。

表2-14　コミュニティエフエムはまなす　損益計算書
（平成24年４月１日～平成25年３月31日）

科　目	金　額		
Ⅰ　売上高			
はまなすファンクラブ売上	2,242,857		
番組提供	15,597,170		
スポット	2,192,676		
その他	3,893,510	**23,926,213**	**23,926,213**
Ⅱ　売上原価			
期首たな卸高		71,318	
当期製品製造原価		**1,546,330**	
合　計		1,617,648	
期末たな卸高		64,704	1,552,944
売上総利益			22,373,269
Ⅲ　販売費及び一般管理費			
販売費及び一般管理費		**20,542,276**	20,542,276
営業利益			**1,830,993**
Ⅳ　営業外収益			
受取利息割引料		4,893	
雑収入		405,933	410,826
Ⅴ　営業外費用			
営業外費用		0	0
経　常　利　益			**2,241,819**
Ⅵ　特別利益			
特別利益		0	0
Ⅶ　特別損失			
特別損失		0	0
税引前当期純利益			2,241,819
法人税、住民税及び事業税		206,000	206,000
当期純利益			**2,035,819**

表2-15　コミュニティエフエムはまなす　貸借対照表
（平成25年３月31日現在）

科　目	金　額	科　目	金　額
（資産の部）		（負債の部）	
Ⅰ流動資産	28,842,212	Ⅰ流動負債	1,574,767
現金及び預金	**26,331,778**	未払費用	614,417
売掛金	2,405,694	未払法人税等	206,000
たな卸資産	67,940	未払消費税等	602,500
前払費用	36,800	前受金	151,850
Ⅱ固定資産	909,026	Ⅱ固定負債	0
有形固定資産	909,026		
構築物	1		
放送機材	535,281		
車両・運搬具	1		
工具・器具・備品	295,296		
建物付属設備	78,447		
無形固定資産	0		
		負債の部合計	1,574,767
		（純資産の部）	
		Ⅰ株主資本	**28,176,471**
		1.資本金	36,000,000
投資その他の資産	0	2.資本剰余金	0
		3.利益剰余金	△7,223,529
		(1)その他利益剰余金	−7,223,529
		繰越利益剰余金	**△7,223,529**
		4.自己株式	△600,000
		Ⅱ評価・換算差額等	0
Ⅲ繰延資産	0		
		Ⅲ新株予約権	0
		純資産の部合計	28,176,471
資産の部合計	29,751,238	負債・純資産の部合計	29,751,238

貸借対照表によると資本金三六〇〇万円で開局したものの、開局以来の累計損失（マイナス繰越利益剰余金）が七二二万三五二九円あり、株主資本は二八一七万六四七一円に減少している（表2－15）。

一方、現預金は二六三三万一七七八円あり、累計損失が約七二二万円あるものの当期純利益が黒字であることから今のところ順調な経営を続けているといえる。

■エフエム新津（新潟県新潟市秋葉区）

新潟市秋葉区にある「エフエム新津」は旧新津市からの合併により、新潟市秋葉区のコミュニティFMとして放送している。

「エフエム新津」は平成六年七月一五日に資本金四五〇〇万円で開局。三年後の平成九年に増資をおこない資本金は現在六八〇〇万円。筆頭株主は新潟市で三九〇〇万円（出資比率五七・四%）、このほか日佑電子、新津さつき農業協同組合、セコム上信越がそれぞれ二〇〇万円（出資比率二・九%）、残りの二三〇〇万円（出資比率三三・八%）を二三の団体が保有している。発行済株式は一三六〇株でこのうち四〇株を自己株式とし所有。コミュニティFMとしては全国で九番目の開局で地元ではＲＡＤＩＯ　ＣＨＡＴ（ラジオ　チャット）として親しまれている。役員は常勤が一人、非常勤が七人。正社員は五人という体制で経営を続けている。

平成二五年三月期の決算書（表2－16）によると営業収入が四八五八万八〇八三円、営業費用が四九三〇万九九一九円で営業損失（赤字）が七二万一八三六円、経常損失（赤字）六七万二七四円となっている。これは二年前の平成二三年度の決算書（表2－17）と比較すると営業収入が約三〇〇〇万円ダウン。経常利益は二二三万円の黒字から六七万円の赤字に転落している。平成二二年度の売り上げは「緊急告知ラジオ」の収入があり、いわば「特需」によるもので平成二四年度はその反動によるものと思われる。

一方、開局以来の累計損失は平成二四年三月期で一五三二万五七三二円。常勤社員の平均年収は三六七万五〇〇〇円（平成二三年度）で平成二一年度から経営改善のため昇給を停止している。

新潟市は委託料という形で財政支援しているが、その額は平成二二年度については二六七二万八〇〇〇円だったが、平成二三年度は二三六六万円に減額されている。

地方都市の財政は全国的に厳しく、新潟市が「エフエム新津」に対して企業としての自立を求めた結果といえる。

厳しい財務状況に対して代表取締役の馬場欣一社長は平成二四年一二月一〇日「一般企業からの放送収入が減少しているため、近隣エリアの民間企業への営業活動を実施するとともに、

表2-16　エフエム新津　損益計算書（平成24年4月1日～平成25年3月31日）

（単位：円）

科　目	金　額	
【営業収入】		**48,588,083**
【営業費用】		
放送費及び技術費	26,479,016	
販売費及び一般管理費	22,830,903	**49,309,919**
営業損失		**721,836**
【営業外収益】		
受取利息	7,607	
雑収入	43,955	51,562
経常損失		670,274
【特別利益】		
貸倒引当金戻入	8,440	8,440
税引前当期純損失		661,834
法人税・住民税・事業税		180,000
当期純損失		841,834

表2-17　エフエム新津　損益計算書（平成22年4月1日～平成23年3月31日）

科　目	金　額	
【営業収入】		
		51,635,578
【営業費用】		
放送費及び技術費	28,864,469	
販売費及び一般管理費	21,202,695	50,066,864
営業利益		1,568,714
【営業外収益】		
受取利息	34,885	
雑収入	625,341	660,226
経常利益		**2,228,940**
【特別利益】		
貸倒引当金戻入益		139,280
【特別損失】		
固定資産除却損		6,196
税引前当期純利益		2,362,024
法人税・住民税及び事業税		185,231
当期純利益		2,176,793

商工会議所などと連携した事業に取り組んでいく」とコメントを発表した。
今後の動向を注目したい。

■エフエムみしま・かんなみ（静岡県三島市）

静岡県の東部にある三島市。ここに「エフエムみしま・かんなみ」が開局したのは平成九年六月一日。エリア内人口は一一万三〇〇〇人で三島市、静岡新聞、SBS静岡放送、静岡朝日テレビなどが出資して資本金一億二二〇〇万円でスタートした。出資比率は三島市が二四・六％（三〇〇〇万円）、隣接の函南町《かんなみちょう》が一〇・六六％。静岡新聞とSBS静岡放送はそれぞれ単体では出資比率は一〇％に満たないが、両者は同じビル内に社屋があるように極めて密接な資本関係にあるため、両者を合わせると一〇％を超えるとみられる。

平成一九年度に約三分の一の減資を実施し現在は資本金四〇〇〇万円となっている。資本金一億円以上の企業は税法上、大企業とみなされ法人税などの多額な課税を避けるために減資を実施したと思われる。

役職員は常勤役員が一人、常勤職員三人、非常勤職員が八人。

平成二五年三月三一日現在の決算書（貸借対照表の注記）によると当期純利益（平成二四年

度）は一八二万五一二〇円。一株当たりの純資産は二万四四五三円となっている。繰越利益剰余金は一三九八万三二四三円を計上。平成二五年三月期の決算では一株当たり一〇五円を配当している。コミュニティＦＭで配当しているのは異例である（表２－18）。

減資の結果、累積損失を消滅させ、株主配当を実現させたわけで累積損失を計上している多くのコミュニティＦＭにとって参考になる。

ちなみに平成二三年度の収入は八〇五二万九〇〇〇円、支出は七五三九万八〇〇〇円でこの中には役員報酬や従業員の賞与も含まれている。

三島市からの財政支援は委託料という名目で年間一四〇〇万円。隣接の函南町からは六七八万円が支払われている。ちなみに沼津市はエフエムぬまづへ平成二三年度で一〇六二万円、富士市は富士コミュニティエフエム放送へ一九九〇万円、熱海市はエフエム熱海湯河原へ一一九七万円を財政支援している。東海地区の自治体でコミュニティＦＭに対する財政支援が他地区より多いのは災害時のコミュニティＦＭの有効性を認識し、防災に対する意識の高さがあるのかもしれない。

この地区はマグニチュード８クラスの東海地震が発生すると指摘されている。

三島市は「ＦＭ放送は災害時に緊急情報を発信することにより市民の生命や財産を守る重要な役割がある」としたうえで平成九年の開局時から同報無線をＦＭ放送に切り替えている。

表2-18　エフエムみしま・かんなみ　貸借対照表（平成25年3月31日現在）

	決算額（円）		決算額（円）
Ⅰ流動資産	61,677,383	Ⅰ流動負債	8,650,770
現金・預金	52,890,056	未払金	1,886,390
売掛金	8,201,346	未払費用	4,252,630
たな卸資産	355,881	未払法人税等	184,300
前払費用	69,300	未払消費税等	1,551,200
未収入金	99,400	前受金	776,250
未収還付法人税等	61,400		
		Ⅱ固定負債	2,407,860
Ⅱ固定資産	8,436,603	長期未払金	2,407,860
有形固定資産	8,225,103		
機械・装置	5,569,449	負債の部合計	11,058,630
工具・器具・備品	362,454		
リース資産	2,293,200		
		Ⅰ株主資本	59,055,356
		1.資本金	40,000,000
無形固定資産	21,500		
ソフトウェア	21,500	2.資本余剰金	5,166,478
		その他資本剰余金	5,166,478
投資その他の資産	190,000		
出資金	160,000	Ⅱ利益剰余金	14,188,878
敷金	30,000	利益準備金	205,635
		繰越利益剰余金	**13,983,243**
		Ⅲ自己株式	-300,000
		純資産の部合計	59,055,356
資産の部合計	70,113,986	負債・純資産の部合計	70,113,986

■おおたコミュニティ放送（群馬県太田市）

群馬県南東部の太田市は人口二二万。高崎市、前橋市に次ぎ群馬県で三番目の都市である。富士重工業（ＳＵＢＡＲＵ）の企業城下町として有名で、北関東で有数の工業都市である。

おおたコミュニティ放送のスタジオ

群馬県太田市のおおたコミュニティ放送は平成一〇年一〇月に開局。エリア内の人口二二万人で愛称「エフエム太郎」として親しまれている。資本金は一億一二〇〇万でこのうち太田市は三一二五万（出資比率二七・九%）を出資。このほか太田商工会議所、群馬銀行、上毛新聞社など地元の有力企業が株主になっている。

スタジオは東武鉄道太田駅コンコース内に設けられ従業員五人で地域密着の放送を続けている。東武鉄道と「おおたコミュニティ放送」との詳細な関係は不明であるが、スタジオ使用に伴う家賃等は廉価な金額で支払われていると思われる。

決算書（平成二五年三月期）をみると売上高五七三六万八〇〇〇円、営業利益マイナス二四五万二〇〇〇円、経常利益マイ

表2-19　おおたコミュニティ放送損益計算書
（平成24年４月１日～平成25年３月31日）　（単位：千円）

科　目	金　額
売上高	57,368
売上原価	38,786
売上総利益	18,582
販売費及び一般管理費	21,034
営業利益	**−2,452**
営業外収益	102
受取利息	85
雑収入	17
営業外費用	0
経常利益	**−2,350**
特別利益	1,125
特別損失	1,302
税引前当期純利益	−2,527
法人税、住民税及び事業税	639
法人税等調整額	−63
当期純損失	**−3,103**

ナス二三五万円を計上。当期純損失が三一〇万三〇〇〇円の赤字となっている（表２－19・20）。

一方、貸借対照表によると既に利益剰余金二一五七万八〇〇〇円を計上している。

群馬県は東京のラジオ局（ＴＢＳラジオ、ニッポン放送など）の放送は流れているが、地域の電波メディアによる情報発信が希薄な地区であり、コミュニティＦＭは地域住民にとって親密感のある有効なメディアなのかもしれない。

東京都を除いて、群馬、埼玉、茨城、栃木など関東地区のコミュニティＦＭは地域情報を発信するメディアが少ない地域であるため、九州地区などのコミュニティＦＭと比べ地域での存在価値が高いといえる。九州七県にはすべて県域の放送局があり地域情報を流している。群馬県、埼玉県、茨城県、栃木県などと九州七県の

表2-20　おおたコミュニティ放送　貸借対照表（平成25年3月31日現在）

（単位：千円）

資産の部		負債の部	
科　目	金　額	科　目	金　額
流動資産	129,020	**流動負債**	6,783
現金及び預金	121,027	未払金	1,898
売掛金	6,218	未払費用	0
貯蔵品	51	未払法人税等	474
前払費用	302	未払い消費税	703
繰延税金資産	1,405	預り金	173
未収還付法人税	17	賞与引当金	3,490
立替金	0	前受金	45
		借受金	0
固定資産	11,510		
有形固定資産	9,136	**固定負債**	3,281
建物	193		
建築物	6,737	退職給与引当	3,281
機械及び装置	1,550		
車両運搬具	42	**負債合計**	10,064
工具器具備品	614		
		純資産の部	
無形固定資産	2,374	**資本金**	112,000
電話加入権	439		
ソフトウェア	1,330	**利益剰余金**	**21,578**
コンサルティング料	605	利益準備金	2,069
投資その他資産	1,462	別途積立金	10,000
投資有価証券	0	前期繰越利益	12,612
長期繰延税金資産	1,440	当期利益	▲3,103
長期前払費用	13	**自己株式**	▲1,650
破産更正債権	0		
リサイクル預託金	9	**資本合計**	131,928
資産合計	141,992	負債及び資本合計	141,992

電波環境は基本的に大きく異なる。

■エフエムあやべ（京都府綾部市）

京都府綾部市をエリアに平成一〇年四月一七日に開局した「エフエムあやべ」。

資本金四一〇〇万円で綾部市が六一％出資、残りの三九％は綾部商工会議所、京都銀行、グンゼ、オムロンなど二三の企業や団体が出資している。正社員三名、契約社員一名、パート二名。愛称は「ＦＭいかる」で、市鳥のイカル（スズメ科の鳥）が愛称として使われている。

平成二五年三月三一日現在の貸借対照表（表２－21）によると繰越損失金（マイナス繰越利益剰余金）が六七四万三五一七円、一年前の平成二四年三月三一日現在の貸借対照表（表２－22）では繰越損失金（マイナス繰越利益剰余金）が一〇三七万九二五五円となっており、繰越損失金の額は減少している。つまり平成二四年度決算では三六三万五七三八万円の当期利益を創出したことになる。当期利益を創出した理由は不明だが綾部市からの支援金（委託金）の増額があったと思われる。繰越損失金を解消するには、エリア内で広告収入を増やすことだけでは限界があり、綾部市からの支援金の増額に頼るところが大きい。

平成二五年三月期の長期借入金は前年同期に比べて減少しており、着実に借入金の返済を実

表2-21　エフエムあやべ　貸借対照表（平成25年３月31日現在）

（単位：円）

科　目	金　額	科　目	金　額
（資産の部）		（負債の部）	
Ⅰ流動資産	30,117,942	**Ⅰ流動負債**	4,258,339
現金及び預金	28,515,206	１年以内返済長期借入金	864,000
放送未収金	1,245,725	未払金	1,382,740
たな卸資産	157,655	未払費用	354,396
前払費用	199,356	未払法人税等	441,200
		未払消費税等	638,100
		前受金	190,820
		預り金	387,083
Ⅱ固定資産	14,623,917	**Ⅱ固定負債**	6,227,037
有形固定資産	13,212,503	長期借入金	2,328,000
建物	273,300	長期未払金	1,011,675
機械・装置	11,896,878	退職給付引当金	2,887,362
リース資産	1,042,325		
無形固定資産	432,966		
電信電話専用施設利用権	141,766		
電話加入権	291,200	負債の部合計	10,485,376
		（純資産の部）	
		Ⅰ株主資本	34,256,483
		１.資本金	41,000,000
投資その他の資産	978,448	２.資本剰余金	0
出資金	200,000		
差入保証金	50,000		
長期前払費用	728,448		
		３.利益剰余金	△6,743,517
		(1)その他利益剰余金	−6,743,517
		繰越利益剰余金	**△6,743,517**
		純資産の部合計	34,256,483
資産の部合計	44,741,859	負債・純資産の部合計	44,741,859

表2-22　エフエムあやべ貸借対照表（平成24年３月31日現在）

（単位：円）

科　目	金　額	科　目	金　額
（資産の部）		（負債の部）	
Ⅰ流動資産	24,642,123	**Ⅰ流動負債**	4,643,972
現金及び預金	22,654,535	１年以内返済長期借入金	888,000
放送未収金	1,649,625	未払金	1,313,735
たな卸資産	138,607	未払費用	395,423
前払費用	199,356	未払法人税等	1,055,600
		未払消費税等	621,500
		前受金	3,150
		預り金	366,564
Ⅱ固定資産	17,016,770	**Ⅱ固定負債**	6,394,176
有形固定資産	16,311,016	長期借入金	3,192,000
建物	297,795	長期未払金	100,170
構築物	1,666,693	退職給付引当金	3,102,006
機械・装置	13,845,678		
リース資産	500,850		
無形固定資産	455,754		
電信電話専用施設利用権	164,554		
電話加入権	291,200	負債の部合計	11,038,148
		（純資産の部）	
		Ⅰ株主資本	30,620,745
		1.資本金	41,000,000
投資その他の資産	250,000	2.資本剰余金	0
出資金	200,000		
差入保証金	50,000		
		3.利益剰余金	△10,379,255
		(1)その他利益剰余金	-10,379,255
		繰越利益剰余金	**△10,379,255**
		純資産の部合計	30,620,745
資産の部合計	41,658,893	負債・純資産の部合計	41,658,893

行している。財務は少しずつ好転しているものと思われる。

■エフエムもりぐち（大阪府守口市）

「エフエムもりぐち」は平成五年七月二〇日に西日本地区のコミュニティFMの第一号として開局した。資本金は九六五〇万円で株主として守口市、門真市、パナソニック、三菱東京UFJ銀行などが出資している。

阪神・淡路大震災が発生した時、近畿地方では同局だけが開局しており、地域に寄り添った災害情報や生活関連情報を放送し注目された。

平成二三年三月一一日の東日本大震災の時は三月一八日までの一週間、ローカル番組を休止して地震関連の番組を放送した。防災ラジオとして災害時に適切な情報を提供している。愛称は「FM―HANAKO」で群馬県太田市のコミュニティFM局「FM太郎」とは「花子・太郎」の愛称から姉妹局を結んでいる。

開局二〇年後の平成二五年三月期の貸借対照表（表2－23）によると繰越利益剰余金が五七万五五六円で資本金九六五〇万円に対して株主資本は一億五五万六二三八円で四〇五万六二三八円の利益剰余金を計上し、順調な経営を展開している。全国のコミュニティFMのなかで利

表2-23　エフエムもりぐち貸借対照表（平成25年３月31日現在）

（単位：円）

資産の部		負債の部	
科　目	金　額	科　目	金　額
【流動資産】	【42,508,656】	【流動負債】	【4,118,290】
現金及び預金	32,797,000	未払金	812,709
売掛金	7,656,605	未払費用	890,000
商品	802,416	前受金	711,887
貯蔵品	55,998	預り金	127,025
立替金	241,500	保険預り金	204,169
前払費用	773,558	未払法人税等	396,000
未収受取利息	160,000	未払消費税等	976,500
未収法人税等	21,579		
【固定資産】	【62,165,872】	負債合計	4,118,290
（有形固定資産）	10,219,514	純資産の部	
建物付属設備	2,105,928		
放送設備	5,993,345		
受信設備	6,865	【株主資本】	【100,556,238】
車両運搬具	86,093	資本金	96,500,000
工具器具備品	2,027,283	利益剰余金	4,056,238
		（その他利益剰余金）	4,056,238
（無形固定資産）	1,063,835	任意積立金	3,485,682
電話施設利用権	1,048,552	繰越利益剰余金	**570,556**
ソフトウェア	15,283		
（投資その他の資産）	50,882,523		
出資金	150,000		
投資有価証券	50,717,523		
保証金	15,000	株主資本合計	100,556,238
		純資産合計	100,556,238
資産合計	104,674,528	負債・純資産合計	104,674,528

益剰余金を計上しているコミュニティＦＭは極めて少ないが、投資有価証券として五〇七一万七五二三円計上している点が気になる。

■エフエムむさしの（東京都武蔵野市）

東京都武蔵野市にエリア開局した「エフエムむさしの」は平成七年三月二八日、東京都内では初めてのコミュニティＦＭとして誕生した。資本金は一億円で武蔵野市や武蔵野商工会議所など三六の法人が出資している。番組には若者の街、吉祥寺を中心に地元の文化人などが出演したり、市政情報として武蔵野市議会を中継している。スタジオを武蔵野商工会館内に設けているほか、災害発生時の緊急放送のスタジオとして武蔵野市役所西棟四階にも放送設備を備えている。

平成二四年度（平成二五年三月期）の収支は収入が一億一五〇七万九〇〇〇円、支出は一億五五六万六〇〇〇円で九五一万二〇〇〇円の黒字となっている。しかしこのうち七〇五五万五〇〇〇円が武蔵野市からの支援金ともいえる委託金で、収入の約六一％が行政からの委託金になっている。つまり自力でスポンサーから売り上げているのは約四五〇〇万で、自治体の支援は欠かせない財務状況である。

表2-24　平成24年度武蔵野市連結キャッシュ・フロー計算書（明細表）
（平成24年４月1日～平成25年3月31日）

エフエムむさしの　（単位：千円）

項　目		金　額
行政サービスに関する収支		
	市税	
	国・都支山金	
	使用料手数料・分担金負担金	
	保険料・支払基金交付金	
	事業収入	113,147
	その他	1,931
	（収入）計	**115,079**
	人件費	33,687
	物件費	40,557
	公債費（利子分）	
	保険給付費・医療給付費	
	その他	31,322
	（支出）計	**105,566**
	行政サービスに関する収支差額	9,512
資産形成に関する収支		
収支差額合計		**9,512**
前年度繰越金		94,713
当年度歳計現金(形成収支)		104,225

表2-25　平成24年度武蔵野市連結正味財産増減計算書（明細表）
（平成24年4月1日～ 25年3月31日）　エフエムむさしの

項　目	金　額
期首正味財産残高	132,972
当期正味財産増加	1,221
当期収支差額	1,628
資産形成に関する収支・基金調整額	△407
期末正味財産残高	134,193

一方、期末正味財産残高（平成二四年度）は一億三四一九万三〇〇〇円で資本金一億円に対して約三三〇〇万円の利益剰余金を創出している（表2－25）。コミュニティＦＭで利益剰余金を出している局は極めて少ないため財務上は順調といえるが、武蔵野市の支援は欠かせない。

■鹿児島シティエフエム（鹿児島県鹿児島市）

鹿児島シティエフエムは平成九年に開局し「フレンズＦＭ」として親しまれている。資本金は一億五〇〇〇万円。鹿児島テレビ放送が筆頭株主で他に鹿児島市、岩崎産業、鹿児島銀行、南日本新聞社、山形屋、ＮＥＣパーソナルシステム南九州などの地元有力企業が出資している。

しかし開局から六年間は赤字が続き、累積損失が一億三〇〇〇万円近くまで膨らんだ時期もあった。第二章（七六頁）の資料に示すように開局して一年後には資金繰りに行き詰まり、借入金を起こさなければならないこともあった。二五〇〇万円の借入金は、その後平成二〇年三月期までに全額返済し、現在は無借金経営が続いている。経常収支は平成一五年から黒字に転換し以後平成二六年三月期まで一〇年連続の黒字経営となっている。加えて年二回の賞与も一〇年間、欠かさず支給している。

鹿児島シティエフエムがなぜ黒字化に転換できたか？

それは徹底した合理化策を進めた結果である。営業部員がミキサーや編集を担当するなど一人二役、三役をこなすことで無駄な人員を雇用する必要がなくなり経費の削減につながった。放送内容も防災ラジオとしての役割を果たすため桜島爆発時や台風接近時など災害時に役立つ「防災豆知識」を毎日放送し、市民の防災意識の向上に努めている。「防災豆知識」の放送は開局時から続いている。「気象台や消防などからの緊急情報を番組に挿入する作業は、開局時から行った」と、約三年間パーソナリティーを務めた山下のりこ（旧姓・室屋典子）さんは証言している。

社員は「ただ音楽を流すだけが私たちの使命ではない」という考えで、鹿児島市内で発生した火災や消防などの緊急情報に対しては、すぐに番組の中に挿入する作業を全社員が日常業務の一環として身につけている。

コミュニティFMが地域から信頼を得るには「ニュースの発信にある」ことは言及するまでもないが、鹿児島シティエフエムはニュースの配信を共同通信のほか地元の南日本新聞社、鹿児島テレビ放送と有償で契約を結び、毎日放送している。

全国のコミュニティFMで共同通信と配信契約を結んでいる局はない。

音楽情報を流すだけでは報道機関としてなかなか認知されないという事をコミュニティFM

の経営者は認識すべきである。

日頃から「市民に寄り添った放送」や「市民生活に役立つ情報」を流すことでスポンサーが付き、売上増を導くわけだが、「市民に寄り添った放送」とは地域の情報であり、それは「ニュース報道」が大前提として放送の根幹にあることを忘れてはならない。

音楽だけを流して「我が社は信頼できる放送局であるとは決していえない」ことを鹿児島シティエフエムでは社員やパーソナリティーへ徹底して指導している。

ところで鹿児島県内には離島を含めて一二のコミュニティFMがあるが、鹿児島シティエフエムではコミュニティFMの媒体力を算出し営業活動に活用している。

第一章（五三頁）で紹介した媒体力算出表は鹿児島シティエフエムが独自に作成したものでエリア内の①人口力、②地元新聞への番組表の掲載、③全国ニュース・ローカルニュースの放送、④道路交通情報・消防や警察とのホットライン情報の放送、⑤JCBA加盟などの項目について数値化して媒体力を算出している。このデータは地元の広告代理店も広告額の配分の基礎的なデータとして利用をしている。

全国にあるコミュニティFMは経営規模がそれぞれ異なり、経営や放送に対しての考え方に温度差があるが、コミュニティFMの媒体力を数値化することで共通の経営規模による共通の悩みを解決する手助けになるのではないかと思う。

■あまみエフエム　ディ！ウェイヴ（鹿児島県奄美市）

特定非営利活動法人ディが主導して平成一九年五月一日に開局した「あまみエフエム　ディ！ウェイヴ」は鹿児島県奄美市や大和村などをエリアに放送している。特定非営利活動法人いわゆるＮＰＯが設立したコミュニティＦＭで、平成二二年の奄美豪雨災害の時は災害情報や安否情報を流したとして注目された。安否情報などの災害情報をどのような内容で、どのような時間帯にどの程度流したかについてきめ細かい検証が待たれる。加えて災害時に、音楽やリクエスト曲などの取り扱いをどのように処理したか、フィラーＢＧをどの程度放送したかについては明らかになっていない。

地上波のテレビは災害時における一般ＣＭの取り扱いについては基準を設けて対応している。例えば震度５強以上の地震が発生した場合はＣＭを除外して災害関連の特別番組の放送を行う。「あまみエフエム　ディ！ウェイヴ」が災害時に通常ＣＭなどの放送をどのように処理したかは分からない。鹿児島県奄美市ではラジオはＮＨＫと民放ＡＭ局が放送しているが、どちらも本社とは別に奄美大島に常設スタジオを設け「ローカル差し替え」を行って地域情報を流す放送設備を有していない。従って奄美大島では「あまみエフエム　ディ！ウェイヴ」だけが地域情報を流すことができる特殊なエリアである。

同局はサポーター会員制度を設けており、入会金（企業の場合五〇〇〇円、一般は一〇〇〇円）と年会費（企業の場合一口五〇〇〇円、一般の場合一〇〇〇円）で構成されているが、これが特定非営利活動法人ディの経費とどのように仕分けされて運営されているかは不明である。またコマーシャルのスポット、タイムの料金規定がホームページに掲載されていないため、コマーシャルセールスを展開しているかは分からない。

特定非営利活動法人ディは経営収入の内容を①会費収入、②事業収入、③補助金収入、④寄付金収入、⑤雑収入の五項目を設定しているがコミュニティFMに係る収入を②の事業収入のなかに入れて収支報告している（表2－27）。

このなかでコミュニティFMに係る収入は平成二四年三月三一日現在、三二〇三万一四二三円、一方コミュニティFMに係る支出は三四一一万八三〇八円となっており、コミュニティFM事業に限っては約二〇〇万円の営業赤字となる。

コミュニティFMに係る支出は主に人件費と思われるが、支出経費の中で音楽著作権使用料や気象情報などの情報入手経費が放送経費のなかでどの程度発生しているか「事業会計収支計算書」からは分からないが、いずれにしろコミュニティFM事業の収支は苦戦している。

なお平成二三年度特定非営利活動に係る「事業会計収支計算書」によると特定非営利活動法

表2-27　平成23年度特定非営利活動に係る事業会計収支計算書
（平成24年３月31日現在）

科目・摘要	金額（単位：円）		
（資金収支の部）			
Ⅰ経営収入の部			
1　会費・入会金収入			
会費・入会金	5,875,930		
		5,875,930	
2　事業収入			
島内・島外の住民同士のリレーションシップに係る事業収入	1,281,760		
島興し事業企画開発に係る事業収入	2,196,252		
コミュニティＦＭに係る事業収入	**32,031,423**	35,509,435	
3　補助金収入			
緊急雇用創出臨時特例基金事業（まちなか賑わいづくり事業）	3,398,000		
緊急雇用創出臨時特例基金事業（奄美応援団PR情報ネットワーク構築事業）	1,754,000		
重点分野雇用創出事業	745,500		
		5,897,500	
4　寄付金収入	946,800	946,800	
5　雑収入			
受取利息	1,045		
		1,045	
経営収入合計			48,230,710
Ⅱ経営支出の部			
1　事業費			
地域住民及び住民同士のリレーションシップに係る事業支出	986,957		
島興し事業企画開発に係る事業支出	2,921,359		
コミュニティＦＭに係る事業支出	**34,118,308**		
緊急雇用創出臨時特例基金事業（まちなか賑わいづくり事業）	2,418,186		
緊急雇用創出臨時特例基金事業（奄美応援団PR情報ネットワーク構築事業）	1,761,855		
地域雇用創造実現事業	6,931	42,213,596	
2　管理費			
水道光熱費	688,835		
支払手数料	287,912		
地代家賃	1,705,000		
保険料	80,950		
租税公課	1,483,648		

支払利息	0		
法人税	71,000		
寄付金	726	4,318,071	
経常支出合計			46,531,667
経常収支差額			**1,699,043**
Ⅲその他資金収入の部			
1　長期借入金収入	0		
その他資金収入合計		0	0
Ⅳその他資金支出の部			
1　借入金返済支出	2,729,604		
2　借入金返済支出	0		
3　固定資産取得支出	741,511	3,471,115	
その他資金支出合計			3,471,115
当期収支差額			**−1,772,072**
前期繰越収支差額			1,704,797
次期繰越収支差額			−67,275
Ⅴ			
1　資産増加額			
当期収支差額（プラスの場合）	0		
固定資産購入額	741,511		
		741,511	
2　負債減少額			
借入金返済額	0		
借入金返済額	768,000		
借入金返済額	1,961,604	2,729,604	
増加額合計			3,471,115
Ⅵ正味資産減少の部			
1　資産減少額（マイナスの場合）			
当期収支差額	**1,772,072**		
減価償却（建物、車両、備品）	1,133,473	2,905,545	
2　負債増加額			
長期借入金	0	0	
減少額合計			2,905,545
当期正味財産増加額（減少額）			565,570
前期繰越正味財産			−583,322
当期正味財産額			−17,752

「鹿児島県共生・協働センター」への提出資料から転載

人ディも一六九万四三円（経常収支差額）の赤字となっている。

■特定非営利活動法人おおすみ半島コミュニティ放送ネットワーク（鹿児島県鹿屋市・志布志市ほか）

おおすみFMネットワーク（通称）は鹿児島県鹿屋市の「かのやコミュニティ放送」、志布志市の「志布志コミュニティ放送」、垂水市の「たるみずまちづくり放送」、肝付町の「きもつきコミュニティ放送」の四つの放送局を共同運営する組織として平成一七年八月に設立された。「おおすみFMネットワーク」はいわば持株会社のような団体で、放送は「かのやコミュニティ放送」のスタジオから行われているが、自社制作番組は少なく、フィラー音楽が多い。

平成二四年度の事業会計収支報告書によると、特定非営利活動法人「おおすみ半島コミュニティ放送ネットワーク」の経常収入は九三一万八六二一円、経常支出は一〇九五万七四三七円で一六三万八八一六円（経常収支差額）の赤字となっている（表2－28）。

コミュニティ放送関連の収入は八三一万六九八二円、支出は七七四万九八五円となっている。この収支はかのや、志布志、たるみず、きもつきの各コミュニティFMの収支の総額であると思われる。同ネットワークは入会金一万円、年会費六〇〇〇円（正会員）という会員制度によ

表2-28　平成24年度特定非営利益活動に係る事業会計収支計算書
（平成24年４月１日～平成25年３月31日）
特定非営利活動法人おおすみ半島コミュニティ放送ネットワーク

科　目	金額（円）		
（資金収支の部）			
Ⅰ経常収入の部			
1　会費・入会金収入			
会費	154,000		
入会金	10,000	164,000	
2　事業収入			
ラジオおよびテレビ放送番組の受託制作ならびに共同制作事業	**8,316,982**		
インターネット放送事業	0		
放送及びその他メディアに関連する研究、教育、出版、イベント事業	0		
その他前各号に付帯する事業	75,000	8,391,982	
3　助成金収入			
助成金	700,000	700,000	
4　寄付金等収入			
寄付金収入	53,900	53,900	
5　雑収入			
受取利息	239		
雑収入	8,500	8,739	
経常収入合計			**9,318,621**
Ⅱ経常支出の部			
1　事業費			
ラジオおよびテレビ放送番組の受託制作ならびに共同制作事業	**7,740,985**		
インターネット放送事業	0		
放送及びその他メディアに関連する研究、教育、出版、イベント事業	0		
その他前各号に付帯する事業	0	7,740,985	
2　管理費			
給与賃金	1,020,000		
福利厚生費	11,730		
荷造運賃	30,690		
会場費	1,850		
旅費交通費	11,150		
接待交際費	0		
通信費	261,526		
消耗品費	253,130		

新聞図書費	59,484		
委託料	220,500		
印刷費	175,216		
水道光熱費	236,044		
賃借料	360,000		
リース料	32,865		
租税公課	151,200		
支払い手数料	7,035		
徴収不能額	226,800		
NPO債利息	100,000		
雑費	57,232	3,216,452	
経常支出合計			**10,957,437**
経常収支差額			**△1,638,816**
Ⅲその他資金収入の部			
その他資金収入合計	0	0	0
Ⅳその他資金支出の部			
什器備品購入支出	0		
その他資金支出合計	0	0	0
当期収支差額			△1,638,816
前期繰越収支差額			8,290,947
次期繰越収支差額			6,652,131

「鹿児島県共生・協働センター」への提出資料から転載

る収入もあるが、平成二四年度は入会金収入が一万円であるため一人しか入会しなかったことになる。今後大幅に収入が拡大するとは考えられないため、経営面では極めて厳しい状況にある。

閉局したコミュニティFM

総務省のまとめによると閉局したコミュニティFMは平成二六年六月現在二〇局にのぼる。閉局の理由はさまざまな原因があるが大別すると①ずさんな経営計画、②収益減による赤字、③経営陣や社員の不祥事にある。

閉局に追い込まれたコミュニティFM局を紹介する。

「エフエムこんぴら」は香川県琴平町をエリアに平成九年二月三日に開局した。しかし地元スポンサーからのコマーシャルが集まらず開局わずか一年九カ月後に会社の解散を決め、平成一〇年一一月三〇日閉局した。

人口約一万人の町ではスポンサーの数や広告額が限られているのは開局前から分かっていた

はずであるが、郵政省（当時）へ提出した収支計画の甘さと免許を交付した郵政省の対応には大いに疑問が残る。コミュニティFMの廃局は「エフエムこんぴら」が最初であったが、その後も日本各地で廃局が続いている。

「高松シティエフエム」は平成九年一月二五日、高松市をエリアに資本金九〇〇〇万円で開局した。株主として瀬戸内海放送、百十四銀行、香川銀行など地元の有力企業が出資した。愛称は「FMマリノ78・0」で放送を開始したが、エリア内にコミュニティFMが二社存在するという理由から売り上げ不振が続き、開局から八年後に閉局。先発のコミュニティFMの「エフエム高松コミュニティ放送」が平成一七年四月一日に吸収した。「エフエム高松コミュニティ放送」は資本金一億円で平成八年四月一日に開局。穴吹工務店グループの子会社が筆頭株主であったが同社が平成二一年一一月二四日に倒産し、株は教育事業を展開するトライグループに売却された。トライグループは現在、「エフエム高松コミュニティ放送」の過半数の株を取得し経営権を握っている。平成二二年六月、四国新聞によるとトライグループは五四・二%の株式を保有していると報道している。

「エフエムセト」は香川県丸亀市に資本金四三〇〇万円で平成八年一二月二六日に開局した。

同県坂出市に開局していた「エフエム・サン」の子会社でもあったが売り上げが伸びず経営不振に陥り平成二〇年四月一三日に廃局となった。

「エフエムセト」に限らず廃局に追い込まれるのは資本金が五〇〇〇万円以下であるため資金繰りで行き詰まるケースが多い。加えて県域放送などでの放送実務経験者の不在による無駄な人件費の支払いなどがその要因として挙げられる。

「五日市コミュニティ放送」は広島市佐伯区をエリアに平成一六年四月一八日に開局した。広島地区はRCCラジオ（県域AM局）、広島エフエム放送（県域FM局）の二社が圧倒的に強いエリアである。加えて平成一一年五月一日に開局した中国新聞の子会社である愛称「FMちゅーピー」がコミュニティ放送では先陣を切っていた。

「FMちゅーピー」は中国新聞に番組表などを毎日掲載するなど新聞と電波のメディアミックスにより地域から支持を得ている。愛称「ななみ」として放送を開始した「五日市コミュニティ放送」は開局から売り上げが伸びず苦戦を強いられ平成一九年一一月一日放送を休止した。前日の一一月三〇日の自社制作番組ではパーソナリティーが「放送は今日で一旦お休みしますが、必ず体制を建て直し、放送を再開します」と繰り返しアナウンスしたが平成二〇年三月三一日付で廃局となりスタジオも撤去された。わずか三年半の放送局であった。

「仙台市民放送（愛称・ＦＭじょんぱ）」は仙台市宮城野区をエリアに平成一一年九月二五日に開局した。資本金は二二二五万円。極めて少ない資本金で放送を始めたが当然のごとく資金繰りに行き詰まった。開局から七年経過した平成一九年一月一九日に東北総合通信局に運用休止届を提出し同年三月に閉局に至った。同社は資金難を打破するために愛称の命名権の売却（ネーミングライツ）を発表したが残念ながら応じるところがなかった。

閉局にあたって創業者は「多くの方にご支援をいただいたのにこのような形で放送終了させてしまい本当に申し訳ありません。地域活性化を目指して頑張りましたが、頑張りきれませんでした」と記者会見でコメントした。

「ＦＭニセコ放送」は平成一八年一二月一八日に開局。北海道虻田郡倶知安町で放送を開始した。北海道では初めての「町」を放送エリアに開局したコミュニティＦＭとして話題を集めた。しかし放送開始後一年にもならない平成一九年九月一六日に開かれた株主総会で経営困難のため解散を決議。同年九月二二日に放送を終了した。株主総会では初年度（約五カ月間）の売上高が六四〇万円だったことが報告され、解散は全会一致で決議された。

同局は開局してまもなく給与の遅滞問題が発生した。その後、経営悪化が続き、給与が完全に未払いとなった。加えて社長が暴行容疑で逮捕されるという事態も発生した。

解散を決議した株主総会では未払金が四六〇〇万円あったという。開局前に総務省へ提出した経営計画がどのような内容であったか不明であるが、監督官庁である総務省のチェックもずさんであったと指摘されてもやむを得ない。


「福岡コミュニティFM」は「FM　MiMi」として平成一二年三月三日から福岡市早良区で放送を始めた。開局当初から苦しい経営が続き、累積赤字が八〇〇〇万円に拡大したことで遂に経営を断念。株式を福岡市の投資コンサルタント会社「夢大陸」に売却し愛称を「スタイルFM」として放送を続けた。

実質的な経営者となった「夢大陸」の社長、原千春が金融商品取引法違反の容疑で家宅捜索を受けたのは五年後の平成二二年四月のことでこの五年間、放送を利用して金融情報を流したりしていた。原千春は「六本木の巫女」として自ら番組に出演して金融商品の紹介などを行っていた。

「福岡コミュニティFM」は再免許の申請を行わず平成二二年一一月一日免許失効となり閉局に至った。閉局の告知もないまま異例の幕切れとなり、原千春は平成二三年一月一五日に詐欺の疑いで逮捕された。

コミュニティFMの社長の逮捕はFMニセコ放送に続き二例目となった。

原千春は懲役九年の実刑判決を受け、服役中（平成二六年一月現在）である。

閉局の半年前の平成二二年三月六日、同局は開局一〇周年記念パーティーを福岡市内のホテルで盛大に開いた。パーティーの招待状は九州のコミュニティFM各局にも送られ、私も参加した。会場には政財界の関係者ら約二〇〇人が集まり開局一〇周年を祝った。

パーティーでは福岡出身のミュージシャン甲斐よしひろのライブもあり、ヒット曲「HERO～ヒーローになる時、それは今」などを披露した。

原千春は出席者に挨拶や名刺交換などを行っていたが、常に大きなバッグを抱えながら移動する彼女の行動は不自然で異様な雰囲気だったことを私は覚えている。

福岡地裁は判決で「メディアを使って架空の金融商品があるように装っており、手口は巧妙……」と述べている。被害額は五年間で六七億円以上であった。


「エフエムたまな」は平成一〇年二月二二日に熊本県玉名市をエリアに開局した。同局は玉名市内の有力企業の浦島海苔が中心となり出資して開局。自治体からの出資はなかったが広報予算を獲得する計画で開局した。しかし思うように収入が伸びずに苦戦が続いた。加えて大株主の浦島海苔が経営悪化し民事再生法の申請を行うなどしたことから経営を断念。平成一八年四月三〇日に放送を終了し閉局した。

「宮崎シティエフエム」も閉局に追い込まれた。

平成一〇年一二月、人口三〇万人の宮崎市に郵政省（当時）はコミュニティFMの免許を二社に交付した。二社とは「宮崎サンシャインエフエム」と「宮崎シティエフエム」で両社がどのような経営計画を提出したかは不明であるが、結果的には「宮崎シティエフエム」が平成一七年一〇月三一日に放送終了し閉局した。

同局は当初から経営面で苦戦し約六年間で多くの負債を抱えていた。そして社長の死去と同時に閉局。負債を残したままとなった。

総務省がコミュニティFMに対する免許交付の基準のなかで収支計画をどの程度精査しているのか不明であるが、おそらく申請者の甘い収支計画をうのみにして免許を交付していることが伺える。経営面の行き詰まりには第一義的には当該コミュニティFMの責任が問われるが、監督官庁の免許交付のあり方も再検討する必要があると思う。

「BIWA　WAVE」は滋賀県近江八幡市をエリアに平成一七年三月一日、資本金三〇〇〇万円で開局した。資本金三〇〇〇万円での創業は思い切った合理化をしない限り資金繰りが厳しくなることが予想された。同局は開局から二年後の平成一九年八月一日から九月五日までの三六日間にわたって出力を二〇〇ワットに無断で増力していたことが発覚。総務省近畿総合通信局は運用停止一一日間の行政処分を決めて翌年一月一八日から同月二八日まで放送が止まった。

放送局に運用停止処分が下されたのは昭和二五年に電波法施行後初めてであった。このため日本コミュニティ放送協会も会員資格停止処分を行った。

「ＢＩＷＡ　ＷＡＶＥ」はこの電波法違反事件に加えて広告収入の激減により経営が悪化し、平成二〇年一二月一九日の特別番組をもって放送を終了。三年半しか続かなかった放送事業で閉局時は二〇〇〇万円の負債や給料の遅配も発生した。同じコミュニティＦＭの「エフエムひこね」からの支援を受けた時期もあったが、平成二一年六月一一日付で正式な閉局となった。

第三章

誰がコミュニティFMに出資しているか？

総務省が公表しているコミュニティ放送事業者の株主一覧を分析すると、コミュニティFMの資本構成は大きく分けて自治体を中心に地元企業が出資しているケース、地元の有力企業だけが出資しているケースの二つに分かれる。

総務省がまとめた資料によると、一〇％以上の株式を保有している個人や法人は平成二六年四月一日現在三六二にのぼる。このうちマスコミが株主として出資しているケースは極めて少ない。

出資比率が一〇％以上の株主で地元新聞社や県域放送局などマスコミの出資状況を地区別にみると、北海道地区では「エフエムおびひろ」に十勝毎日新聞が一六・六二％出資しているが、他のコミュニティFMは個人や地元企業が株主となっている。

東北、関東、信越地区では一〇％以上の株を保有しているマスコミはなく、北陸地区で「ラジオたかおか」に北國新聞社が一九・九％、「富山シティエフエム」に北日本新聞社が三六％、「エフエムとなみ」に一九・八％出資している。東海、近畿、四国地区では一〇％以上出資しているマスコミはなく、九州地区では鹿児島テレビ放送が「鹿児島シティエフエム」に二〇・八七％出資している。

全国のコミュニティＦＭのなかで県域放送局（テレビ局）から二〇％を超える出資を受けているのは鹿児島シティエフエムだけであり、他のコミュニティＦＭは既存の県域放送局とのかかわりが資本的にも薄い。

鹿児島テレビ放送が鹿児島シティエフエムになぜ多額の出資をしたかは当時の経営陣の判断によるものだが、極めて異例の出資であったといえる。

私は当時鹿児島テレビ放送に在籍していたが、各職場には鹿児島シティエフエムを聴くためのラジオが配布された。そして中堅社員三人が開局の半年前から鹿児島シティエフエムに出向し準備作業にあたった。開局時にはアーティストの藤井フミヤを開局記念式典に招き取締役に就任させるなど華々しく会社はスタートした。ＫＴＳ鹿児島テレビでアナウンサーとしての経験を持ち、鹿児島シティエフエムのメインパーソナリティーを務めた山下のりこ（旧姓・室屋典子）さんは当時を振り返り、「番組の積極的なＰＲと放送人としての人材育成が課題でもあった」と語っている。

ところが派手な経営感覚はすぐに破たんを招き開局二年目から資金が底をついた。その後、赤字が累積し開局七年目にして債務超過寸前まで陥ったことは前述したが、鹿児島シティエフエムは大胆な経営改革を実施し、平成二五年度までに一〇期連続黒字を計上している。

既存の県域放送局や県域FM局は民放連に加盟し、お互いが抱える課題などの研究や調査などに取り組んでおり、その実績は大きな財産となっている。これに対してコミュニティFMはJCBA（日本コミュニティ放送協会）を組織しているがすべてのコミュニティFMが加入しているわけではなく、その活動も民放連と比べると大きな差がある。鹿児島県内には一二のコミュニティFMがあるが、鹿児島シティエフエムを除く他のコミュニティFMはJCBAに加盟していない。

地域のコミュニティFMが財務の改善や放送の質的な向上、技術的な研究をおこなうにも、サンプルとなる指針や基準等がなく、各局手探りでさまざまな課題に取り組んでいるのが現実である。コミュニティFMを防災メディアとして機能させることは有意義であるが、そのためには前提として放送局として健全な財務内容が必要である。また日常の放送に対する信頼を高めるためにはどんな施策を講じるべきかコミュニティFM自身はもちろん、免許を交付した総務省も真剣に捉える必要がある。

ただこれについては留意すべき問題もある。権力（政府）による放送への介入を招きかねないことだ。

憲法で保障された「表現の自由」や「報道の自由」を確保しながら、いかにして地域のメディアとして健全な財務を担保させるか、難しい課題である。

いずれにしろ地域に交付した電波事業の免許をどのように育てるか？　地域だけではなく国も検討する必要がある。

なお、自治体の出資比率は、福岡県築上町がスターコーンＦＭへ八〇・四％を筆頭に、京都府綾部市がエフエムあやべ（ＦＭいかる）へ六一％、新潟市がエフエム新津へ五九・一％、上越市・岩沼市がエフエム上越とエフエムいわぬまへそれぞれ五一％、兵庫県宝塚市、和歌山県白浜町、熊本県小国町がエフエム宝塚、南紀白浜コミュニティ放送、エフエム小国へそれぞれ五〇％となっている。

平成二五年五月一四日に開かれた総務省の「放送ネットワークの強靭化に関する検討会」で日本コミュニティ放送協会（ＪＣＢＡ）の代表理事の荻野喜美雄氏は、コミュニティＦＭ二六二社のなかで第三セクターによる経営が一〇二社（三九％）、ＮＰＯ法人が二二社（八％）、民間企業が一三八社（五三％）と報告。さらにコミュニティＦＭの売上高についても分析し、平成二三年度は四〇〇〇万円未満の売り上げの局が一一七社にのぼると述べている。

荻野代表理事（当時）はコミュニティＦＭの損益分岐点についても言及し「一概には言えないが四〇〇〇万円から五〇〇〇万円ではないだろうか？」と報告している。四〇〇〇万円未満の売上高の一一七社は大胆な経費削減をしない限り赤字が続くと思われる。（資料参照　第一章

七三頁）

また、総務省がまとめた全国のコミュニティＦＭ事業者二四一社の収支状況は七五頁の資料に示すように営業利益、経常利益、当期利益の平均値はマイナスで「赤字経営がコミュニティＦＭの全体像」といえる。

コミュニティＦＭの歴史

平成四年一二月二四日、函館市でコミュニティ放送の第一号局が放送を開始した。愛称は「ＦＭいるか」で函館山ロープウェイの関連事業として放送が始まった。スタジオは元町壱番館の情報複合ビルのなかに設けられ、「初めましてＦＭいるかです。この町に誕生しました」と第一声が発信された。

函館の経済界の動向を紹介する雑誌「はこだて財界」はＦＭいるかの開局一年前から特集を組みリポート。開局一カ月後の平成五年二月号では日本で初めてのコミュニティＦＭとして一八頁にわたって詳しく紹介している。

このなかで函館山ロープウェイの西野鷹志社長（当時）は「日本初のコミュニティＦＭ局と

して地域の活性化を図りたい」と述べ、さらに注目すべきは放送担当の全責任者にNHKのディレクター出身者を放送局長として配置、企画編成関連のプロデューサーとして札幌テレビ出身者、アナウンサーに札幌テレビ出身者やNHK出身者などを起用し、それぞれがこれまでの経験を踏まえて放送のノウハウを現場スタッフに伝えたことである。

コミュニティFMはその後、全国で開局が続き、現在約三〇〇局のコミュニティFMが誕生しているが、国民の電波を預かる「放送事業」に対して基本的な知識が希薄で、専門家からの指導や研修も受けずに放送しているコミュニティFMが一部にみられる。経営的に苦戦を続けているコミュニティFMは「放送の質」があまりにも低いことも起因しているのではないだろうか？　「放送の質の低下」はリスナーからの「信頼の消失」を導き、そして「スポンサーの離脱」につながることを忘れてはならない。

出力〇・一ワットで開局した「FMいるか」はその後二〇ワットに増力し、北海道では絶大な信頼と人気を誇るSTVラジオとの協力関係を推進し地域密着の発信を続けている。

コミュニティFMは「地域活性化のツール」としてその後、各地で関心が集まり開局が続いた。

平成六年二月二四日、FMいるか（北海道函館市）、エフエムもりぐち（大阪府守口市）、エフエム豊橋（愛知県豊橋市）、葉山コミュニティ放送（神奈川県逗子市）、旭川シティネットワーク（北海道旭川市）、エフエム・サン（香川県坂出市）、浜松エフエム放送（静岡県浜松市）、湘南平塚コミュニティ放送（神奈川県平塚市）、エフエム新津（新潟県新津市）の九局はコミュニティFMの団体結成に向けて設立準備会を開いた。

そして同年五月一二日、この九局により「全国コミュニティ放送協議会」を設立し会長に葉山コミュニティ放送の社長・木村太郎氏を選出。副会長に西野鷹志氏（函館山ロープウェイ・FMいるか）、岡庄蔵氏（エフエムもりぐち）、小野喬介氏（エフエム豊橋）が決まった。このほか理事や監事に佐々木雄三氏（浜松エフエム放送）らが加わり、会の運営規定や会費（一二万円）・入会金（一〇万円）などを決めた。

全国コミュニティ放送協議会（ＪＣＢＡ）の設立趣意書には次のように述べられている。

「近年における我が国の放送に対するニーズは高度化、多様化されており、またきめ細かな地域情報を求める声も高まってきています。～中略～

しかしながら、コミュニティ放送は小規模な放送局であることからコミュニティ放送の普及が促進されにくいという状況にあります。また著作権処理等コミュニティ放送事業者が単体で対応するのは難しいのが現状であります。

従いまして、コミュニティ放送の社会的使命を踏まえ、コミュニティ放送の健全な発展を促進するためにはコミュニティ放送事業者の相互啓発と協調により放送倫理の向上を図るとともに、コミュニティ放送事業者の共通の問題に関しては、一元化して対応する必要があります。

上記を鑑みまして、我々コミュニティ放送事業者はコミュニティ放送の普及発展並びにコミュニティ放送事業者における共通問題の解決を促進し『全国コミュニティ放送協議会』を設立しようとするものです」

「日本コミュニティ放送協会」は「全国コミュニティ放送協議会」を発展的に解消する形で平成一四年四月二二日設立された。東京都港区の芝パークホテルで開催された創立総会では浜松エフエム放送の佐々木雄三氏が会長に選出された。

後に佐々木氏は「コミュニティFMの現状と課題」という論文を発表し、会長就任の抱負について「協会として何をなすべきか、何をやれば全局のためになるか、会員局は何を望んでいるかなどを考えていこうと思っています。会員局それぞれ違った顔があり、規模もやり方も違うと思います。一枚岩になる必要も、同じ方向を向く必要もないと思っておりますが、ただ大きな視点から見ての指導は必要であります」と述べている。（傍線は筆者）

この考え方は正鵠を得ており、例えばエリア内人口が一〇〇万人で売上額が一億円の局とエリア内人口が一〇万人で売上額が三〇〇〇万円の局では「放送体制」や「経営方針」に違いがあるのは当然である。このような状況を踏まえて日本コミュニティ放送協会（ＪＣＢＡ）は加盟局を分類して施策を展開する必要があるが現状はすべて同じ施策に留まっている。

また佐々木氏は同じ論文のなかで自局（浜松エフエム放送）の運営形態にもふれ、「ボランティアに頼ったこともなく、今後もボランティアに頼ることもない」と主張している。

国民の電波を預かる放送事業に対してボランティアの協力を得ないと運営できない局が多数あるが、ボランティアに放送の責任を負わせることはできない。浜松エフエム放送の経営方針には賛同したい。

コミュニティＦＭが全国各地で乱立するなかで、まさに薄い氷の上を歩き、いつ氷が割れ、溺死してもおかしくない状況で経営を続けている一部のコミュニティＦＭがあるのも事実である。しかし「放送人としての気概と自負」を持ち自力で経営を安定させるにはどうすれば良いかを模索すべきである。

総務省情報流通行政局地域放送推進室　石山英顕室長に聞く

コミュニティ放送制度が日本で誕生して二〇年を経過する。苦戦が続くコミュニティ放送に対して総務省はどのように捉え、どのような対応策を実施しているのだろうか？

私は平成二六年七月一六日、霞ヶ関の総務省情報流通行政局を訪ねコミュニティ放送の現状などついて地域放送推進室の石山英顕室長に聞いた。

米村　コミュニティFMの放送が日本でスタートして二〇年近くなりますが、コミュニティFMの経営は苦戦が続いていると言われています。コミュニティFMの経営の実態は具体的にどのような状況でしょうか？

石山　平成二四年九月にとりまとめたものが直近の数値で、二五〇局から報告がありました。ケーブルテレビとコミュニティFMを一緒に経営している局などを除き二五〇局のうち六割にあたる一四〇局が当期利益で黒字を計上している状況でした。しかし前年との比較を見ますと

「収益が減った」、あるいは「欠損が増えた」、「黒字から赤字になった」など前年度より経営悪化した局が一一六局ということで、昨年度に引き続き厳しい経営状況となる傾向が続いています。

米村　コミュニティＦＭにとって、経営が苦しくなり赤字が続くと放送の内容にも影響を与え、番組の質の低下を招きかねないと思いますが、赤字局が一〇〇局を超えている現状をどのように受け止めていらっしゃいますか？

取材に答える石山英顕室長（右）

石山　民間放送の経営ですので、それぞれの局においていろんな努力をしていただきたいと思っています。もちろん視聴者がいて視聴者の利益というものが存在するわけです。当然のことながら安定した運営を収入面においても、支出面においてもそれぞれの事業者において不断の努力を重ねていただければと思っています。

米村　経営努力を続けることで、コミュニティＦＭが赤字から脱却すれば良いのですが、現実問題として一〇〇局を超える赤字局が経営破綻した場合、社会的にも問題になることも考えられます。従って、経営破綻する前に行政側で何らかの支援策を打ち出す必要があるのではないでしょうか？

石山　コミュニティＦＭといってもメディアですので、そういう意味では補助金という公的資金を介して行政機関と非常に近い関係、経済的な関係にあること自体はなかなか慎重な検討が必要なのかなと思っています。

米村　「メディアとしての公正中立、行政からの介入を防ぐ」という観点からは今の話は理解できますが、売上高のなかに補助金の割合がどの程度占めているかによると思います。経営の苦しいコミュニティＦＭを救済する手段として、例えば、赤字会社を整理統合し経営を安定させることを行政側から促すことは行政の立場からは難しいことでしょうか？

石山　国の側から直接経営に関与するような形は、どこまで社会的に容認いただけるでしょうか。特にメディアについては、マスメディアの集中排除原則というものがありますので、そのような観点からも慎重に考える必要がある課題だと思っています。

米村　各コミュニティＦＭは、来年（平成二七年）再免許を迎えます。コミュニティＦＭは各局、経営規模や放送体制など千差万別です。

従って、免許交付のあり方として一律に免許交付を行うのではなく、例えば、各コミュニティＦＭの「財政力」、「番組制作力」、「災害時の放送体制力」、「機材保有力」などを数値化して五段階評価し、一定の評価を得た局に免許を交付するというやり方はいかがでしょうか？

石山　ひとつの傾聴に値するご意見であると思います。ただ現実にはどこで線を引くかという議論になってくるとなかなか難しい課題であるかなと思います。そのうえで開局の免許を交付したコミュニティＦＭにあえて許認可官庁の総務省がランクをつけてしまうのも、ちょっとやり過ぎなところも出てくるのかなという感じがします。

現実に地域で視聴者を持って事業展開している放送局ですので、事業の継続を前提としつつ、ただ再免許の際に一定の基準に達していない局に対しては開示を求めることは制度としてあります。

具体的な数値基準を設定しているわけではないですが、事業収支の状況とか業務の継続性の観点であるとか、あるいはコンプライアンス、特に放送法関係とか番組審議委員会の活性化、災害放送の対応など、そういった諸々の観点から総合的に判断をして、抽象的な言い方になりますが、レベルに達しないという局があれば開示を求めるということです。地域に密着して努力をしながら経営と放送を維持していただくという観点で制度を運営していく必要があると考えています。

米村　今の質問の背景には、真面目に経営し、厳しく法令順守をしながら放送を続けているコミュニティＦＭもあれば、どちらかといえば、法令順守をなおざりにしながら放送しているコミュニティＦＭも一部にあると聞いています。

例えば、公正中立を欠いたり、係争中の問題に対して反論権を担保しないなど放送法に抵触する番組の放送や、番組審議会の年六回の開催基準を順守していない局もあるようです。厳しく法令順守しながら放送している局とそうでない局が一律に交付を受けることに違和感を覚えるのですが？

石山　おっしゃる趣旨は十分に理解できるもので、言ってみれば最低ギリギリレベルの事業者が時々法令上の義務を果たしそびれるようなことが、業界全体にモラルハザードを生じさせるようなことがあってはいけません。そういった観点からの制度運用をしたいと思っています。かつて債務超過になっている県域局については再免許時に有効期間を二年にしたというような記録があります。コミュニティFMについては過去にそうした事例はありませんが、私どもとしては規制を強化するという観点ではなくて、業界のそれぞれのプレーヤーが業界全体をより発展させていただけるような活力になるような方向づけができればと思っています。

米村　コミュニティFMの経営者にとって一番の悩みは、売り上げをどの程度確保すれば良いのか、支出はどれくらいまで許されるのかという財務的なモデルを知りたいところです。

例えば、総務省主導でコミュニティFMの経営モデルケースを策定する研究会（コミュニティFMの経営のあり方研究会）を立ち上げ、人口一〇万規模、人口三〇万規模、人口五〇万規模の財務のモデルを作り、経営破綻にならない指針を作成し免許交付の際に申請者に示したらいかがでしょうか？

石山　それぞれのコミュニティＦＭの会社の規模とか置かれた立場といったものが二〇〇数十局それぞれに違うのかなと思っています。例えば、地方自治体であれば、人件費の比率はどうかとか借金の比率はどうかとか指数があって、そういうことを一律に評価して財政指導という観点で自立を促す仕組みになっています。それぞれバックグラウンドが違うコミュニティＦＭにモデルというものがどこまで作れるかとか、モデルとすべき余地のある数字なり物差しを作ることが実現できるのかがあります。まずは業界で皆さんが情報交換を通してそれぞれの事業者さんの取り組みを共有していくことが必要であり、ＪＣＢＡが意見交換しながら取り組む余地があるのかなと思っています。

私はコミュニティ放送自体は儲かる装置ではないと思いますが、もちろん放送という面では当然聴取率向上に向けて取り組むことが大事です。地元の住民が知らない話題や出来事を紹介するとか、あるいは教育研究機関とか観光業界など、いろんな地域のプレーヤーとの連携をしていくことで、地元の人の知的好奇心を高めるということが必要です。コミュニティＦＭにチャンネルを合わせてもらう必要があります。ラジオが最も多く聴かれるシチュエーションは運転中ですので地元で売られる車のチューナーのプリセットにコミュニティＦＭの放送を設定してもらうようお願いするといった取り組みを行っている事業者もあると伺っています。私どもとしても、ＪＣＢＡの総会で皆さんと意見交換をさせていただいてカーナビの業界団体にカーナビを売る時に全国のコミュニティＦＭがプリセットできないかというようなことで申し出をしたり、特定のメーカーへも情報提供をいただいたところです。このように、放送自体の注目を高めるということで安定的に会社の力を向上させていければ、経営も安定してくるのではないかと思います。

米村　コミュニティＦＭに望むことといえば、どんなことでしょうか？

石山　コミュニティＦＭにつきましては、県域ＦＭ局よりさらに身近に地元のそれぞれの地域の情報が地域密着型で流れてきます。また、東日本大震災を踏まえて注目が高まっているメディアです。

日本は人口減少、何十年後かに随分人口が減るということなど、消滅市町村という議論もいろいろなされています。コミュニティＦＭは、日本のそれぞれの地域で住民の癒しであり、活力の源であり、そういった存在として「小さな巨人」としてそれぞれの地域で放送を頑張って続けていっていただきたいなと思っています。

米村　今日はお忙しいところ、ありがとうございました。

誰からどんな指導を

コミュニティFMで働くスタッフは誰からどんな指導を受け放送人として業務に従事しているのだろうか？

公共の電波を使う以上、最低限の知識が求められる。電波法、放送法、放送倫理基準、CMの考査基準などさまざまな法規やルールを理解したうえで放送に取り組む必要がある。

私がかつて働いていた鹿児島テレビ放送では入社するとこれらの法規等について社内研修で学んだり、職場の先輩たちから日常の仕事を通じて教え込まれた。

TBS系列、フジテレビ系列、日本テレビ系列、テレビ朝日系列は各地方局の担当者を集めて、毎年「記者研修会」「アナウンス研修会」「営業研修会」などを開き社員の資質の向上に努めている。

鹿児島シティエフエムでは開局時から鹿児島テレビ放送の社員が出向し、放送倫理をはじめ、選挙報道に対するスタンスなど放送人として育成に努めてきた。同時に災害報道に対するマニュアルを作り防災ラジオとしての機能強化に努めている。

全国で三〇〇局近くのコミュニティＦＭが放送人としての人材育成にどのような取り組みを行っているか分からないが、あまり期待できない。その理由として指導者がいないという現実がある。新聞社やテレビ局と資本関係があるコミュニティＦＭでは指導者を求めることは可能となるが、全国のコミュニティＦＭのなかでマスコミと業務上協力関係を有しているところは極めて少ない。

このため、「指導者がいないため誰からも指導を受けない」「だから放送人としての資質が何年たっても身につかない」という負の連鎖が続いて今日に至っているコミュニティＦＭも一部にある。いわゆる放送に対する「プロの不在」である。

従って公共の電波を預かるメディアとしては信じられないような体制のなかで毎日の放送が流れている。

コミュニティＦＭのすべての局がこのような状況ではないが、体制が不完全な状況で放送を流している局があることも事実である。

平成二四年に調査した九州地区のコミュニティＦＭのアンケート調査のなかで最も多かったのは「他局がどのような体制や指導の中で放送をしているか知りたい」という現場スタッフの声が多数あった。これは現場スタッフが放送人として「日々の放送業務に対してこれで良いのだろうか？」と悩みながら仕事に取り組んでいるという証左ともいえる。

現場からの声

ＪＣＢＡ九州協議会では平成二四年一〇月、コミュニティＦＭで働く現場スタッフを対象にアンケート調査を行った。

調査項目は、

Ｑ１、放送業務で困っていることや悩んでいることは？

Ｑ２、営業業務で困っていることや悩んでいることは？

Ｑ３、その他、他局のみなさんと意見交換してみたいことは？

の三項目で、各局からは放送体制や営業活動に対して切実な回答が寄せられた。開局年、エリア内人口、資本金、社員数などが各局異なるため一概に論評できないが、現場で毎日悩みながら放送や営業活動を行っている様子がうかがえる。

以下は各局から寄せられた現場の声である。

A社

開局年	エリア内人口
平成九年	一〇万人

Q１　放送業務で困っていることや悩んでいることは？

▼パーソナリティー、ディレクターの育成策が知りたい

▼放送に対する意識向上の教育（ラジオの作り手としての意識を高く持ってもらう教育についで）

▼オールマイティーな人材の育成

▼新規リスナーの獲得、新たなパーソナリティーの発掘

Q２　営業活動で困っていることや悩んでいることは？

▼増収に向けた企画

▼新規クライアントやナショナルスポンサーの獲得

Q３　その他、他局のみなさんと意見交換してみたいことは？

▼各局ならではの企画やイベントの取り組み状況

▼防災関連番組の取り組み状況

▼音源管理方法、地域の情報の収集方法
▼ＣＭ割付表、運行管理方法の確認方法

Ｂ社

開局年	エリア内人口
平成一二年	二五万人

Ｑ１　放送業務で困っていることや悩んでいることは？
▼イントネーション、アクセントなどパーソナリティーでそれぞれ違う
▼コミュニティＦＭは地域の人や素人から始めた人が多いため、仕事の中身を細かく確認する必要があると思う
Ｑ２　営業活動で困っていることや悩んでいることは？
▼コマーシャル放送という形にないものなので費用対効果のことをいつも指摘される
▼ＦＭが周知されていない事もありなかなか営業につながらない
▼放送だけでなくフリーペーパーなどの事業もしないと難しいと思う

C社

開局年	エリア内人口
平成一〇年	一万人

Q1　放送業務で困っていることや悩んでいることは？

▼スタッフの人材育成・研修時間が取れない

Q2　営業活動で困っていることや悩んでいることは？

▼弊社は公営としての認知度が高く、有料での広告受注は限られている

Q3　その他、他局のみなさんと意見交換してみたいことは？

▼スキルアップの方法

D社

開局年	エリア内人口
平成一三年	一〇万人

Q1　放送業務で困っていることや悩んでいることは？

▼人員不足により一人当たりの仕事量が多い

Q２　営業活動で困っていることや悩んでいることは？

▼放送媒体としての認知度の低さから費用対効果を懸念するクライアントの声を聞く

Q３　その他、他局のみなさんと意見交換してみたいことは？

▼コミュニティFMとしての今後の活路について意見を聞きたい

▼コミュニティFMの強みは何か？　それをどのように生かしていくか？

▼本当に面白い番組作り、ためになる番組作りとは何かについて各局の意見を聞きたい

E社

開局年	エリア内人口
平成一三年	二五万人

Q１　放送業務で困っていることや悩んでいることは？

▼音源の不足、地元リポーターの発掘

Q２　営業活動で困っていることや悩んでいることは？

▼営業効果の算出、ナショナルクライアントの獲得

Q3　その他、他局のみなさんと意見交換してみたいことは？
▼行政と結んでいる防災協定の内容

F社

開局年	エリア内人口
平成一二年	二四万人

Q1　放送業務で困っていることや悩んでいることは？
▼パーソナリティー一一人を含めてスタッフは一五人いるが、正社員が一人しかいないため、業務全体を管理できない
▼放送内容についてパーソナリティーの個性もさまざまなためトークに関してどこまで規制すれば良いか分からない
Q2　営業活動で困っていることや悩んでいることは？
▼安定した収入を得るための営業システムの構築の仕方
▼エフエムラジオ放送の効果を魅力的に伝える営業トーク
Q3　その他、他局のみなさんと意見交換してみたいことは？

▼スタッフ教育で取り入れていること
▼出演料などの設定方法
▼番組構成の方法について

G社

開局年	エリア内人口
平成一九年	二六万人

Q１　放送業務で困っていることや悩んでいることは？
▼他の会社で仕事をしながら携わっているスタッフがほとんどなので自由な番組編成ができない。弊社のタイムテーブルはパーソナリティーやスタッフがスタジオ入りできる時間枠での編成になっているのでなかなか自由にならない

Q２　営業活動で困っていることや悩んでいることは？
▼まだラジオ局があることを知らない人が多い
▼多くの人にラジオを知ってもらう為のアプローチ方法があれば営業にも貢献できると思うのだが……

Q３　その他、他局のみなさんと意見交換してみたいことは？
▼番組の構成やパーソナリティーの編成について
▼営業活動の方法は
▼年末、年始特番について。スポンサーの状況について

H社

開局年	エリア内人口
平成一〇年	一〇〇万人

Q１　放送業務で困っていることや悩んでいることは？
▼生放送であるため人為的なミスが多い
▼専門の技術者がおらず、トラブル時はかなり不安
▼機材が老朽化しているが買い替えの予算がない
Q２　営業活動で困っていることや悩んでいることは？
▼まだまだ認知度が低い
▼行政からの補助が少なく、行き詰まることがある

▼ＣＭ効果を期待されたり聴取率をきかれて困ることがある
Ｑ３　その他、他局のみなさんと意見交換してみたいことは？
▼正社員数と給与などについて
▼勤務契約の内容について
▼番組の構成の仕方について

Ｉ社

開局年	エリア内人口
平成一九年	一三万人

Ｑ１　放送業務で困っていることや悩んでいることは？
▼放送に携わることに対する意識の向上や地域に貢献するという使命感の醸成について
Ｑ２　営業活動で困っていることや悩んでいることは？
▼ラジオを聴く習慣が薄れつつあるなか、クライアントに結果を出すためにはリスナーの数を増やす必要があるが、各局の取り組みについて
Ｑ３　その他、他局のみなさんと意見交換してみたいことは？

▼フェイスブックやツイッターなどの普及により情報発信と受信のスタイルが急速に変化しているが、その流れに対して各局はどのようにアプローチしているか情報交換したい

J社

開局年	エリア内人口
平成一七年	四〇万人

Q1　放送業務で困っていることや悩んでいることは？
▼パーソナリティーとディレクターの関係について
▼ラジオの作り手として意識を高く持つための教育について
Q2　営業活動で困っていることや悩んでいることは？
▼売り上げをアップするために各局の企画案や営業トーク術を知りたい
Q3　その他、他局のみなさんと意見交換してみたいことは？
▼新しく入社したスタッフに対して教育や研修システムについて
▼スタッフを教育するうえで工夫していることについて

K社

開局年	エリア内人口
平成二四年	三・六万人

Q1　放送業務で困っていることや悩んでいることは？

▼パーソナリティーやディレクターの技術向上策について

Q2　営業活動で困っていることや悩んでいることは？

▼どのようにしたら費用対効果をより明確にクライアントに提示できるか模索中

Q3　その他、他局のみなさんと意見交換してみたいことは？

▼オールマイティーな社員の育成について

▼社内の各業務を横断的にこなすスタッフの育成をどのように行うべきか模索している

L社

開局年	エリア内人口
平成二二年	一五万人

Ｑ１　放送業務で困っていることや悩んでいることは？

▼少人数で業務を担当しているので日々の業務に追われ、新しい番組企画や、新規リスナー獲得に向けた番組制作がなかなかできない

▼地元パーソナリティーの発掘や育成

Ｑ２　営業活動で困っていることや悩んでいることは？

▼エリア内の営業は頭打ちになってきたので、イベントなどを企画して営業活動をしていきたい。他局の営業活動の方法やナショナルスポンサーの獲得などについて

Ｑ３　その他、他局のみなさんと意見交換してみたいことは？

▼特にございません

広告メディアの限界と防災

ラジオ広告の在り方として電通のクリエイティブディレクターの中村洋基氏は「リスナーが番組を聴いていたらいつの間にかその中にＣＭが埋め込まれていた……」という形のＣＭにすればラジオＣＭの生き残る道があると指摘している。例えばパーソナリティーがその日の番組

の内容や趣旨に連動してＣＭを放送したら番組もＣＭも面白くなるという訳だ。しかし、コミュニティＦＭが広告メディアとしてクライアントから認知されるにはまず媒体力が問われる。

放送エリア内の人口、聴取率、局イメージ、地域への貢献度などさまざまな角度から媒体力が問われる。

エリア内人口が一〇万人程度の都市で民放ＡＭ局、県域ＦＭ局、ＮＨＫ、ＮＨＫＦＭという電波ライバルが存在する中でコミュニティＦＭの聴取率がどの程度であるか？　まずこのことが問われる。

コマーシャルを投下する立場に立てばより多くの人が聴いてくれた方が良いに決まっている。従って民放ＡＭ局や県域ＦＭ局はコミュニティＦＭより数倍のエリアをカバーしているため必然的にこれらの局にコマーシャルを流した方が効果を期待できる。

一方、コミュニティＦＭのエリア内にはコマーシャルを流すような有力企業はほとんどなく地域内の小さな商店などがお付き合い程度にコマーシャルを流しているのが現実である。

コミュニティＦＭはスポンサーがコマーシャルを流すことで経営が支えられるが、経営を支えるだけの企業や商店が地域内にどの程度存在しているかで「コミュニティＦＭ経営」つまり売上額の指針となる。

コミュニティＦＭの収入を自治体に依存している局が多くあるのは地域内にコミュニティＦＭを支える企業が少ないことに起因する。

まさに自治体からの支援金はコミュニティＦＭ経営の生命線である。

しかし自治体も財政的に余裕のあるところは少なく経費削減を繰り返しながらコミュニティＦＭへの支援資金を「広報費または防災関連の経費」として確保している。

コミュニティＦＭの経営が苦戦を続けているのは媒体力の弱さが、訴求力の弱さにつながり、広告媒体としての価値の下落に陥っているという負の現実を見つめる必要がある。

一方、コミュニティＦＭは防災メディアとして地域に貢献していることも事実である。総務省が平成二五年一一月にまとめたコミュニティＦＭと地域自治体との災害協定の締結状況は、調査した二七七局のうち二四七局が災害時の放送協定を結んでいる。このうち有償による協定締結局は少なく、ほとんどの局が無償の災害放送協定にとどまっている。

また災害時の緊急割り込み装置は一六〇局が導入

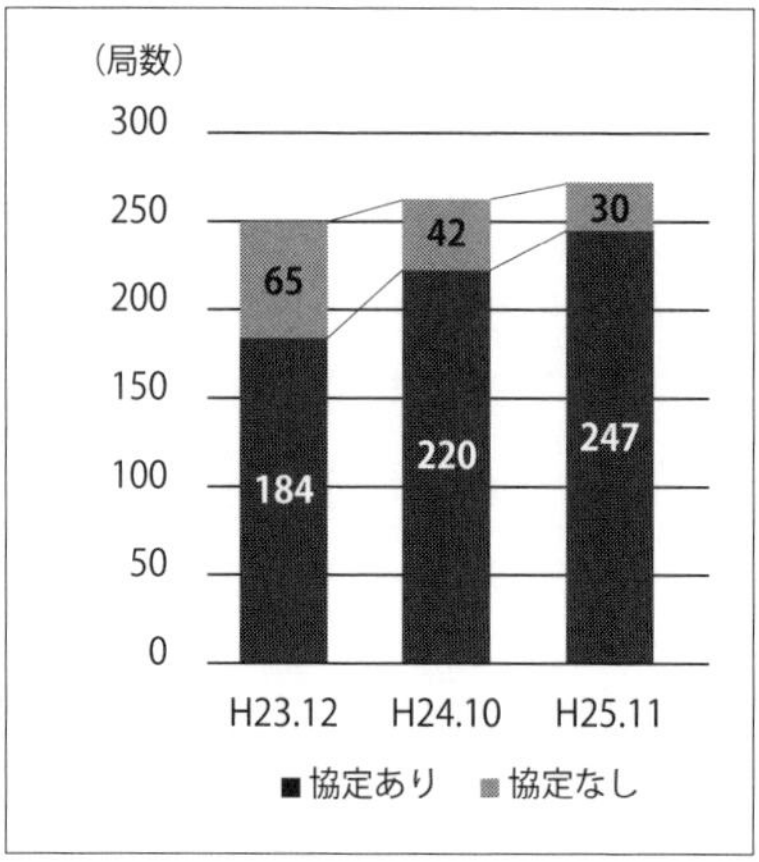

図3-1　災害協定締結状況

している。

このように広告メディアとしては限界がありながらも防災メディアとしては地域貢献している事実を国や自治体も理解し、経営の安定を手助けしてもらいたいと考えているコミュニティFMは少なくない。

災害とコミュニティ放送

東日本大震災を契機に災害時の情報伝達手段として自治体がコミュニティFMを活用するようになった。こうした中でコミュニティFMでは災害時の放送協定を締結し、費用負担の取り決めや自治体からの緊急割り込み放送を実現するため機材を整備する動きがある。

災害時の放送協定の中で費用負担の取り決めがないのはさまざまな理由があるが、「電波は商品であり、そこには価格が存在している」という認識が欠落している局もあるようだ。つまり経営感覚の欠如である。

東日本大震災では住民への災害情報の伝達手段として二八市町に臨時災害放送局が開局した。石巻コミュニティ放送のようにコミュニティFMから移行した局は比較的早期に開局出来

	団体数
元々コミュニティ放送局があった地方公共団体	21
コミュニティ放送局として継続している地方公共団体	11
震災後臨時災害放送局に移行した地方公共団体	10
震災後臨時災害放送局を新設した地方公共団体	18
合計	39

①臨時災害放送局として継続：1団体
②コミュニティ放送局に復帰：9団体
（震災後臨時災害放送局に移行した地方公共団体 10 から）

③臨時災害放送局として継続：10団体
④コミュニティ放送局を新設：4団体
⑤廃局：4団体
（震災後臨時災害放送局を新設した地方公共団体 18 から）

臨時災害放送局を運用中の地方公共団体（①＋③）	11

図3-2　岩手県・宮城県・福島県・茨城県におけるコミュニティ放送局の運用及び臨時災害放送局の開局状況

たが、新規に臨時災害放送局として開局した局はコミュニティＦＭや県域ＡＭラジオ局からの協力があったもののスタジオや送信所の場所の確保、機材や人材の確保などに時間を要した。

総務省の調査によると、東日本大震災の被災県において二八の地方公共団体で臨時災害放送局が開設されたが、平成二五年六月一日現在、一一の地方公共団体が運用を続けている。

臨時災害放送局にとって何よりも重要な経費の捻出には多くの労力を要した。ボランティアのスタッフを探して放送を流した局もあるが、ボランティアに頼ることなく人件費も含めた必要最低限の経費を自治体は支援すべきであると思う。ボランティアには永続性がないだけでなく、「放送に対する責任」を負わせることはできないからだ。

災害放送局の今後の課題は、①放送のノウハウをいかに短時間で構築できるか、②機材不足をいかに解決するか、③全ての経費をどのようにして捻出するかであると思う。

鹿児島シティエフエムではスタジオの壁面に桜島爆発や台風など災害発生時のアナウンスコメントを張りだし即座に放送できるようにしている。

平成二六年七月九日、鹿児島県阿久根市に上陸した台風八号の報道では通常の番組を中断して台風報道に切り替えた。報道内容は①台風の現在地と進路予想、②空、海、鉄道、道路の交通情報、③鹿児島市内に開設された九六カ所の避難所の紹介、④小・中学校の休校情報などの生活関連情報を約一〇分のパッケージにしたパターンA。現在地と進路予想、交通情報を約五分のパッケージにしたパターンBの二種類の構成で番組内での「カットイン」を行ったほか午後五時から午後七時までは通常のレギュラー番組を変更し特別番組として台風情報を報道した。

スタジオ回りのデスクには、①台風進路本記ファイル、②交通情報ファイル、③生活関連情報ファイル、④被害情報ファイルの四つのファイルを準備し、ＦＡＸやメールで寄せられた情報を整理。総務担当の女性がパーソナリティーとしてこれらの情報を随時選択し放送に繋げた。

台風特番の進行を打合せするスタッフ（平成26年7月9日午後3時半）

気象台など各機関から届いた情報を区分するファイル

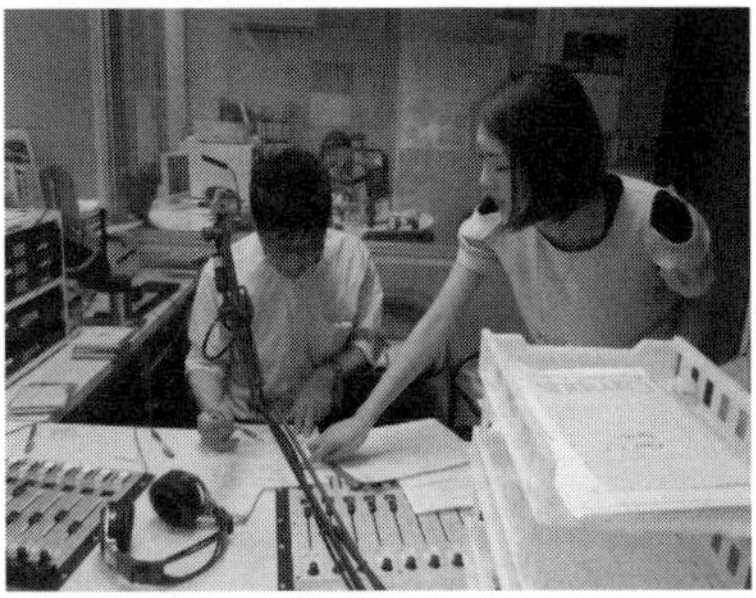

本番中に飛び込み原稿の確認をするスタッフ

さらに翌一〇日は午前六時から午後一時まで特別番組を編成し鹿児島市内すべての避難所開設情報、鹿児島市内を流れる甲突川の河川水位情報などもあわせて報道した。

放送に携わったのは営業部員二人、総務部員一人、契約パーソナリティーの二人。「災害時の報道作業のやり方」、「急に飛び込んでくる情報の整理の仕方」を知っていればこれらのスタッフだけで災害時の放送が可能である。

表3-1　平成26年7月10日　台風8号鹿児島直撃に伴う緊急特別番組の内容

	時間	項目	内容	詳　細	パーソナリティー	ディレクター
①	6:13	本記	台風8号	現在地と進路予想	竹原	竹之下
	6:16		天気予報	県内天気概況		
	6:18	サイド	交通・運行情報	市電・市バス・各路線バス・都市間高速バス・空港高速バス・空の便・海の便		
			規制情報	県内各通行止め箇所		
	6:22	END	フィラー音源	J-WAVE		
②	7:11	本記	台風8号	現在地と進路予想		
	7:13	サイド	交通・運行情報	市電・市バス・各路線バス・都市間高速バス・空港高速バス・空の便・海の便		
			規制情報	県内各通行止め箇所		
	7:17	END				
③	8:00	本記	台風8号	現在地と進路予想		
	8:02	サイド	規制情報	県内各通行止め箇所		
	8:03		交通・運行情報	市電・市バス・各路線バス・都市間高速バス・空港高速バス・空の便・海の便		
	8:06		生活情報	ゴミ収集情報・水族館開館情報・避難準備情報・避難勧告情報・避難所情報		
	8:13	END	フィラー音源	クッションBG		
④	8:19	本記	台風8号	現在地と進路予想		
	8:21	サイド	規制情報	県内各通行止め箇所		
			交通・運行情報	市電・市バス・各路線バス・都市間高速バス・空港高速バス・新幹線・在来線・空の便・海の便		
	8:23	END				
⑤	8:34	本記	台風8号	現在地と進路予想		
	8:36	サイド	規制情報	県内各通行止め箇所		
	8:37	END	フィラー音源	クッションBG		
⑥	8:37	サイド	交通・運行情報	新幹線・在来線		
	8:38	END				
⑦	8:44	本記	台風8号	現在地と進路予想		
	8:46	サイド	生活情報	ゴミ収集情報・水族館開館情報・避難準備情報・避難勧告情報・避難所情報		
	8:53	END	フィラー音源	クッションBG		

⑧	9:00	本記	台風8号	現在地と進路予想	竹原	竹之下
	9:01	サイド	交通・運行情報	市電・市バス・各路線バス・都市間高速バス・空港高速バス・新幹線・在来線・空の便・海の便		
	9:05		生活情報	ゴミ収集情報・水族館開館情報・避難準備情報・避難勧告情報・避難所情報		
	9:11		END			
⑨	9:22	本記	台風8号	現在地と進路予想		
	9:24	サイド	交通・運行情報	市電・市バス・各路線バス・都市間高速バス・空港高速バス・新幹線・在来線・空の便・海の便		
	9:27	END	フィラー音源	クッションBG		
⑩	9:30	サイド	河川水位情報	稲荷川・甲突川・新川・永田川		
	9:31	END				
⑪	9:32	本記	台風8号	現在地と進路予想		
	9:33	サイド	交通・運行情報	市電・市バス・各路線バス・都市間高速バス・空港高速バス・新幹線・在来線・空の便・海の便		
	9:37		生活情報	ゴミ収集情報・水族館開館情報・避難準備情報・避難勧告情報・避難所情報		
	9:44	END	フィラー音源	クッションBG		
⑫	9:45	サイド	河川水位情報	稲荷川・甲突川・新川・永田川		
	9:46	END				
⑬	9:47	本記	台風8号	現在地と進路予想		
	9:48	サイド	交通・運行情報	市電・市バス・各路線バス・都市間高速バス・空港高速バス		
	9:49		生活情報	ゴミ収集情報・水族館開館情報・避難準備情報・避難勧告情報・避難所情報		
	9:53	END	フィラー音源	クッションBG		
⑭	10:00	本記	台風8号	現在地と進路予想		
	10:02	サイド	交通・運行情報	市電・市バス・各路線バス・都市間高速バス・空港高速バス・新幹線・在来線・空の便・海の便		
	10:06		生活情報	ゴミ収集情報・水族館開館情報・避難準備情報・避難勧告情報・避難所情報		
	10:13	END				
⑮	10:14	サイド	河川水位情報	稲荷川・甲突川・新川・永田川		
	10:15	END	フィラー音源	クッションBG		

⑯	10:16	本記	台風8号	現在地と進路予想		
	10:17	サイド	交通・運行情報	市電・市バス・各路線バス・都市間高速バス・空港高速バス・新幹線・在来線・空の便・海の便		
	10:22		生活情報	ゴミ収集情報・水族館開館情報・避難準備情報・避難勧告情報・避難所情報		
	10:28	END				
⑰	10:31	サイド	河川水位情報	稲荷川・甲突川・新川・永田川		
	10:31	本記	台風8号	現在地と進路予想		
	10:33	サイド	交通・運行情報	市電・市バス・各路線バス・都市間高速バス・空港高速バス・新幹線・在来線・空の便・海の便		
	10:37	END	フィラー音源	クッションBG		
⑱	11:30	本記	台風8号	現在地と進路予想	福元	鶴田
	11:32		天気予報			
⑲	11:35	サイド	交通・運行情報	JACのみ		
			生活情報	市施設一部開館・イベント中止情報		
	11:36		規制情報	県内各通行止め箇所		
	11:38	END	フィラー音源	クッションBG		
⑳	12:27	本記	台風8号	現在地と進路予想		
	12:29	サイド	規制情報	県内各通行止め箇所		
	12:30		交通・運行情報	市電・市バス・各路線バス・都市間高速バス・空港高速バス・新幹線・在来線・空の便・海の便		
	12:36	END	フィラー音源	クッションBG		

東日本大震災におけるラジオの役割　～東北放送の経験～
特別番組の放送体制
◆アナウンス部、ラジオ局、技術局以外にも応援をふくめ40名体制で放送
【アナウンス部】 18名でラジオ、テレビのシフト
【制作部】他部署や派遣Ｄ、外部Ｄの応援を得て２交替で放送
（８時～20時、20時～８時） 10名～15名体制
【系列局からの応援】TBSラジオ記者派遣のべ３名（３月13日～４月１日）
【中継等】 宮城県警、宮城県災害対策本部
ラジオカー
TBS車・自転車（携帯電話でのリポート）
【他局との連携】 三陸の被災地の長期取材の拠点となる「JNN３陸臨時支局」を系列局で立ち上げ、デスクとクルーを派遣

図3-3「放送ネットワーク強靭化に関する検討会」での配布資料より

鹿児島シティエフエムではこれらの作業方法をすべてマニュアル化して災害発生時に備えている。

このような災害報道に対する体制を構築しているコミュニティFMは少ない。平成二五年から二六年にかけて日本マスコミ学会に所属する大学教授やコミュニティFMの現場スタッフが数多く視察に訪れた。

急に災害放送に切り替えても「マイクの前で何を伝えれば良いか分からない」ようでは放送人として失格であり、国民の電波を預かる放送局としても存在価値がないといえる。

総務省が平成二五年二月二七日に開いた「放送ネットワーク強靭化に関する検討会」で示された資料によると東北放送は東日本大震災で図3－3に示すような体制でラジオ放送に取り組

んだ。

それによると四〇人のスタッフで震災報道を続けたと報告されているが、コミュニティＦＭには通常この一〇分の一のスタッフしかいない。少ない人数でいかに効率よく災害情報を地域へ伝達できるかは日頃の訓練が大事である。

災害とインターネットラジオ

インターネットラジオはライブストリーミングとオンデマンドの二つの方式がある。どちらもストリーミングサーバーに番組を登録しておきリスナーがＷＭＰ（ウィンドウズメディアプレーヤー）やＲＰ（リアルプレーヤー）のボタンをクリックすれば音声が流れる。ライブストリーミングは同時刻に通常のラジオ放送と同じものを聴くことができる。オンデマンドはリスナーが聴きたいときに何度でも聴けるものでどちらの方式もパソコンを使わないと聴けないことからインターネットラジオと呼ばれている。

平成二三年の東日本大震災の復興支援ではインターネット放送が注目された。

パソコンでラジオ放送が聴ける「ｒａｄｉｋｏ」は、放送区域をＧＰＳやＩＰアドレスによる制限を設けており通常は聴くことができなかった。しかし東日本大震災の復興支援策としてこの制限が解除された。その結果、関東や関西のラジオ放送が全国で聴くことができるようになった。

この措置は平成二四年四月で終了し、その後しばらくの間、東北放送など被災地のラジオ放送は無料で全国で聴くことができたが、現在はｒａｄｉｋｏ．ｊｐに登録しているラジオ局であれば月額三五〇円で聴くことができる。

ｒａｄｉｋｏ．ｊｐは高層ビルなどにより電波が入りにくい地域の難聴対策としてスタートしたが最近ではラジオを持たない若者がスマートフォンやパソコンで聴き始めているという。ｒａｄｉｋｏ以外のインターネット放送ではａｕのスマートフォンで全国の県域ＦＭ局が聴ける「ＬＩＳＭＯ　ＷＡＶＥ」がある。これは東北六県のＪＦＮ系列のＦＭ局とＴＯＫＹＯＦＭが聴けるサイトで有料のサービスである。

ところで、東日本大震災では政府が発信する災害情報番組が毎日五分間、全国五九局で放送された。これは内閣官房長官の定例会見が終わった後に、内閣府とエフエム東京をスカイプで結び収録し、エフエム東京が系列局に配信したものだが、コミュニティＦＭはＦＴＰサーバーに取りにいくという方法で素材を入手し放送した。これは震災から約三カ月間続いた。インターネットを利用し政府から災害情報の入手し、それを放送につなげる初めての試みであった。

地域と歩む「元気なコミュニティＦＭ」

■ＦＭいるか（北海道函館市）

「FMいるか」のミキサールーム

日本初のコミュニティＦＭとして函館市に開局した「ＦＭいるか」は、函館山ロープウェイのコミュニティＦＭ事業として運営されている。函館山ロープウェイは資本金三億円で昭和三三年に設立され、ロープウエーのほかレストランやショップを経営。「ＦＭいるか」は函館山の送信所のほか函館市内に二カ所の中継所を持ち放送している。

「ＦＭいるか」の名前はかつて函館湾に生息していた「いるか」にちなんで「いるか」のように誰からも愛される放送局を目指してつけられた。

番組制作には中継車「いるか号」を各地に走らせ市民のなか

に入り込んで「ＦＭいるか」と「地域のリスナー」を結んでいる。コミュニティＦＭでラジオ中継車を所有しているところは少ないが、「ＦＭいるか」は中継車を開局の翌年に導入し現在三代目である。

スポンサーは地元企業だけではなく大手の飲料メーカーや建設会社なども応援。コミュニティＦＭにとって大手の企業から直接出稿を得ることは広告代理店が間に入り簡単には実現しないが「ＦＭいるか」には多くの大手企業が応援している。

開局から二二年経過した「ＦＭいるか」のスタッフは現在一九人。このうち正社員は七人、契約社員一人、契約パーソナリティー六人、アルバイト五人で運営している。年間の売上額は約一億円で、イベント関連は広告代理店を通じて受注しているがコマーシャルは直営業が六割近く占めている。

「FMいるか」事務所風景

注目すべきは県域放送局のＳＴＶラジオと提携し、「ハロー函館」という地域情報番組を月曜日から金曜日まで毎日生放送している。

この番組は「ＦＭいるか」で制作しＳＴＶラジオの電波を借りて北海道南地区へ放送してい

るもので、営業セールスによるスポンサー収入もＳＴＶラジオに配分されている。

コミュニティＦＭが単発で地域の県域ラジオ局と共同制作する例はあるものの、レギュラー番組として共同制作している例は極めて珍しい。

報道活動では開局から三年後の平成七年六月二一日に函館空港に緊急着陸した「全日空機ハイジャック事件」で番組をハイジャック関連の報道特別番組に切り替えて放送。翌二二日には早朝四時から事件が解決するまで特別番組の放送を続けた。また平成一五年九月二六日に発生した十勝沖地震では、中継車を出動させるなどして五時間にわたって災害特番を放送した。

「ＦＭいるか」では地震情報の放送ガイドラインを設け、震源域が北海道で震度三以上の場合はすぐにカットインする基準を設けている。ちなみに鹿児島シティエフエムでは震度三から五弱まではコマーシャルは生かしてカットインし、震度五強以上の場合はコマーシャルも排除してカットイン。津波情報については大津波警報、津波警報に分けて基準を設けている。これらの基準は全国的に統一されておらずＪＣＢＡにとって今後の課題といえるが、カットインの基準さえ設けていない県域ＦＭ局やコミュニティＦＭも一部にある。私は平成二六年一一月に「ＦＭいるか」を訪れ、本間秀行社長らスタッフと意見交換したが、コミュニティＦＭの開局第一号「ＦＭいるか」の放送活動は参考とすべきことが随所にみられた。

平成一六年三月には北海道のメディアとしては初めての北海道地域文化選奨企業特別賞を受賞するなど「FMいるか」の活動は社会的にも高く評価されている。

「FMいるか」は函館山ロープウェイの山麓駅に平成二七年一一月にオープンスタジオを設ける。

■エフエムチャッピー（埼玉県入間市）

地域情報を発信するエフエムチャッピー

埼玉県入間市にエフエム茶笛（愛称チャッピー）が開局したのは平成九年。入間市総合クリーンセンターの煙突に設置されたアンテナから発信される電波は入間市をはじめ埼玉県西部や東京都多摩西部地区でも聴取可能で広範囲なエリアを持っている。災害時の防災協定も入間市と締結し有事に備えている。

資本金は一億四〇〇〇万円で主な株主は入間ケーブルテレビや地元企業で入間市も株主として一一％を出資している。

エフエムチャッピーは入間市との連携に力を入れ入間市の広報番組を毎日午前六時五五分、午前八時三〇分、午後〇時三〇分、午後二時三〇分、午後五時三〇分の五回にわたって五分間放送している。また、入間市のイメージキャンペーンスポットを制作しホームページでも聴けるようにしている。二〇秒のイメージキャンペーンスポットは「住みよく美しいまち編」「あいさつ運動編」など一三種類あり、地域の活性化を啓発している。

一方、入間市もエフエムチャッピーの活動を広報紙「広報いるま」でたびたび紹介している。平成二六年四月一日発行の「広報いるま」では入間市の企業自慢として「エフエムチャッピー」をトップで紹介。自治体とコミュニティFMが協働して地域の活性化を推進する典型的な事例といえる。

エフエムチャッピーのサテライトスタジオ

またサテライトスタジオをイオン入間店内に開設し番組を通じて地域の住民との交流を積極的に展開。毎月発行しているフリーペーパー「月刊茶笛」でエフエムチャッピーの番組を紹介するなど自治体、ラジオ放送、フリーペーパー（紙媒体）を有機的に結合させ売上額の拡大を進めている。

エフエムチャッピーの社長でケーブルテレビ会社の社長も兼ねている荻野喜美雄氏は「ラジオ、ケーブルテレビ、紙媒体に加えスマートフォンで楽しめるインターネット放送やSNSなどで媒体価値を高めることが重要である」と語っている。

社長の荻野喜美雄氏は平成二三年六月から二年間、ＪＣＢＡの会長を務め全国各地のコミュニティＦＭを訪問し経営の現状を調べた。そして平成二五年五月二四日、総務省で開催された「放送ネットワークの強靭化に関する検討会」でコミュニティＦＭに対する国の支援を強く訴えた。

これを受け総務省はコミュニティＦＭに対する支援を検討することになった。

■ＦＭなかつ（大分県中津市）

大分県中津市、宇佐市を含む県北地域と福岡県京築地域などを放送エリアに資本金三〇〇〇万円で平成一七年九月一七日に設立されたＮＯＡＳ－ＦＭ（ノースエフエム）は年間の売り上げを電波、イベント、フリーマガジンの三本柱を中心に経営を展開している。

平成二五年度の売上総額は約一億円でこのうち電波が約三〇〇〇万円、イベントが約三〇〇〇万円、フリーマガジンが約四〇〇〇万円という収入構造になっており黒字を確保している。

フリーマガジンの発行作業は取材、編集、校正などは業者と共同で行い、印刷は外注している。Ｂ４サイズで約四六頁のマガジンは毎月発行され地域のあらゆる業種のスポンサーを獲得し売上増に貢献している。

全頁フルカラーで毎月二五日に六万一〇〇〇部発行されるマガジンはエリア内のコンビニのほか大分合同新聞の朝刊にも一万六千部を折り込んでいる。さらに集合住宅などへのポスティングも積極的に行い媒体力強化に努めている。

イベント事業は平成二〇年から始まった中津市のからあげフェスティバルを主軸として企画運営しているほか、中津市の名産「からあげ」に関するイベントでは県外にも出かけてPRするなど地域発信のイベントをエリア外でも構築している。このイベントのほかにヤマハ主催の音楽コンテストや地域密着のミニバレーボール大会を開催し事業収入の拡大に努めている。

第６回からあげフェスティバル

正社員は一〇人で営業を兼ねた企画担当が七人、編成制作担当が一人、総務経理担当が一人、地域情報コーディネーターが一人という体制である。地域情報コーディネーターは地域内の情報収集、番組ゲストのコーディネート、番組内での防災知識の告知などを主な職務としており他局にはない人材配置である。

このほか契約パーソナリティーが一八人でギャラの総額は月

額約一〇〇万円を支払っているが、放送時間やパーソナリティーの経験や実績を基に支払い基準を設けている。

代表取締役社長の梅本靖之氏は「地域密着をいかに具体的に展開するかが経営のポイントになる」と語り大分県の由布市の「ゆふいんラヂオ局」にも資本出資しコミュニティＦＭの地域展開を進めている。

またノースエフエムで総務、経理を担当しながらＪＣＢＡ九州地区協議会の事務局を担当している田椽優子さんは「九州地区のＪＣＢＡ加盟局が共通の悩みや課題を解決するために少しでもお手伝いができれば……」と話している。

第四章

大学教授のコミュニティFM研究

■明治学院大学　古川柳子教授のコミュニティFM論

明治学院大学の古川柳子教授は、平成二二年一〇月に鹿児島県奄美大島で発生した集中豪雨に関して、「コミュニティFM　災害放送における情報循環プロセス」と題する論文を発表している。この論文はあまみエフエムの誕生の経緯から豪雨災害状況と災害放送の内容などを詳しく紹介している。

古川教授は一〇月二〇日から一〇月二四日の間にあまみエフエムに寄せられたメール七一七通を分析。メールの内容を①情報提供、②問い合わせ、③応援・感謝、④義援金・援助、⑤放送への意見などの五種類に分類し、災害放送の内容を説明している。さらにコミュニティFMとマスメディアや地域行政との連携のあり方などについて論評し、「全国の人々に対する情報発信が求められる放送局が地域の詳細な情報を集中的に伝えきることは極めて難しい。このマスであるが故の限界とどう向かい合うかという問題は、今後のマスメディアにとっても避けて通れない問題である。東日本大震災では全国紙やテレビ局と地域メディアやNPOの間で情報を提供しあう動きも見られたが、組織的に継続して連携できているケースはまだ少ない。マスメディアが自らの広域向けの情報発信機能の重要性をきちんと認識した上でその限界も自覚し、細かい情報を発信し得る地域メディアや個人メディアとどういう共働関係を構築すべきか、模索が求められる」としている。

この考えは基本的に賛同するが、ローカルのテレビ局も災害時には被災地に寄り添い、少しでもきめ細かい情報を伝達したいという思いで取材活動を続けていることを、忘れてはならない。

古川教授は「あまみエフエムが奄美大島のメディア環境の中ではほぼ唯一の地域メディアであることから、その他の地域の災害情報のあり方を考えていく上でも多くの示唆を含んでいると考える」（傍線は筆者）と述べているが、「あまみエフエム」の地域の特性は極めて特異な例である。

なぜならば奄美大島で大規模な災害が発生した場合、鹿児島のマスコミは鹿児島市から海路または空路で現地入りしなければならないが、船も飛行機も欠航という事態が発生する。台風シーズンはこの事態が当たり前のように発生する。このため現地の災害報道は駐在している支局員に頼らざるをえないが支局は設備的に発信機能が乏しい。従って地域のコミュニティFM

がその威力を発揮するわけで、離島のコミュニティFMの特殊な例といえる。

つまり、このような地域は日本では少ないため「多くの示唆」にはならない。

古川教授は「コミュニティFMは経済基盤も弱く独自に情報収集するマンパワーも限りがある」（傍線は筆者）と述べているが、具体的にどのような財務状況であるため経済基盤が弱いのかについての検証が欲しい。

あまみエフエムは第一章で示したように平成二五年度の営業損失が約二〇〇万円という財務上の厳しい現実がある。放送事業は安定した経営基盤のうえに存在することを忘れてはならない。

■立命館大学産業社会学部・坂田謙司教授のコミュニティFM論

立命館大学産業社会学部の坂田謙司教授は「コミュニティFMを巡る研究視点の再整理」というタイトルで論文を発表。コミュニティFMの営利性と非営利性について考察している。

この中で坂田教授は、日本で最初にNPOとして放送免許を交付された「京都三条ラジオカフェ」を紹介し、「NPOとして実践すべき社会貢献は市民制作の番組を放送する場を提供することにある。ラジオカフェでは三分単位での放送枠販売を行っている。対価を払うことで、誰もが発信者となることが可能である」と紹介している。

しかし対価を払うことができない人たちへの配慮や、対立する意見などについての中立性をいかに確保するかについては言及されていない。放送の中立性をどのように具現していくのか不明である。

加えて京都三条ラジオカフェの財務状況の点検がなされておらず、形式的なコミュニティFM論の域を出ていない。「京都三条ラジオカフェ」が今後経営的に発展するのか、または経営危機に陥る危険性はないのか財務面からの点検が必要だと思う。

私が入手した同局（NPO名は京都コミュニティ放送）の財務資料によると、平成二五年の一年間の経常収入は三一二一万三五四一円、事業費と管理費を合わせた経常支出は二九四二万八七八六円で経常収支差額（経常利益）は一七八万四七五五円となっている。しかし経常収入のなかには補助金収入が約一七一万円ある。この補助金収入は臨時的なもの（雇用助成補助金か?）であると推測されこれを差し引くと収支差額（経常利益）はわずか七万円となる。

加えて当期正味財産合計（繰越損失）として九六五万二五一三円を計上しており、この繰越損失を今後何年間で消す計画であるのか知りたいところだ。

坂田教授は札幌市の三角山放送局の事業形態についても紹介している。この中で「三角山放送局はボランティアによる番組制作を行い市民参加を実現させている」と述べたうえ、「放送は誰のものなのか？に対する答えを放送する側への市民参加という形で具現化している」と主張している。放送への市民参加に対して異論はないが、「偏った意見、政治的な言動、宗教的な誘い、特定の市民に対する誹謗中傷」などに対して、どのような考査体制を構築しているのかについて知りたいところだ。公共の電波を使う以上、バランスの取れた放送内容でなければならないのは今さらいうまでもない。

■龍谷大学政策学部・松浦さと子教授のコミュニティFM論

龍谷大学政策学部の松浦ゼミは、「日本型コミュニティ放送の成立条件と持続可能な運営の規定要因」という研究を続けている。二〇一二年度の科学研究費助成事業の助成を受け、京都府下の六つのコミュニティFMの調査を行い、その報告書を「地域に届け、市民の声！　6局6色のラジオ局」というタイトルでまとめた。

九七頁からなる報告書はFMうじ（宇治市）、FM845（京都市伏見区）、FMいかる（綾部市）、京都三条ラジオカフェ、ふくちやまFM丹波（福知山市）、FMたんご（京丹後市）の六局をゼミの学生が訪ね、会社の概要や自社制作番組の状況等について聞き取り調査の結果をまとめている。

京都三条ラジオカフェ

このうち京都三条ラジオカフェについて詳しく調査しているが、大資本や行政に頼らずに市民の出資だけで放送局として十分な運営ができるのだろうか？　ＮＰＯ放送局の今後に注目したいが課題は多い。

ゼミを統括する松浦さと子教授は報告書の中で、「市民が番組を作り放送することは望ましいが、そのためにはさまざまな条件がクリアされていなければならず、そう簡単ではない。経済的、人的な体制が整っているか？　人権侵害や名誉棄損など問題のある放送を拒む意識が醸成されているか？などの議論がないままにマイクを開放することを恐れる局があることも理解できる」と述べている。松浦教授はかつて中京テレビ（日本テレビ系）の報道部に在籍したこともあり、放送現場で発生するさまざまな問題に直面した経験に基づき総括をしている。「報道の不偏性」「裁判で係争中の案件の取り扱い」「選挙の事前報道のあり方」「意見が対立している問題の対応の仕方」など放送の現場に課せられる諸問題について、コミュニティＦＭの現場スタッフがどの程度の対応力と判断力があるか疑問である。「報道のあり方」に対する日頃からの研修が必要である。

一口に放送といっても音楽を流すだけが放送ではなく、地域が抱えるさまざまな課題に取り組む番組作りが求められる。それに対応できるスタッフを組織として醸成しているか？　スタッフを醸成するためには、まず「経営の安定」が必要なことは言及するまでもない。

松浦教授はかつて英国のウエストミンスター大学に在籍し、英国のコミュニティ放送の現状について研究した。松浦教授が上梓した「英国コミュニティメディアの現在」では、コミュニティラジオの広告収入と英国情報通信庁（Office of Communications ＝ Ofcom ／日本の総務省の役割を果たす独立法人）のあり方、支援の仕組みなどについて詳しく解説している。

それによると、「英国ではコミュニティ放送の活動財源は基本的には国からの収入により運営されている。しかし免許交付の審査と免許交付後の検証は Ofcom によって日本より厳しいながらもあたたかく審査されている」と述べている。

日本ではコミュニティＦＭが毎年開局しているが、開局審査のあり方や開局後の審査基準を再検討する必要がある。

松浦教授は平成二六年二月中旬、鹿児島シティエフエムを訪れ、経営状況や番組の編成方針などについて調査した。私はコミュニティＦＭが抱えるさまざまな課題について意見交換したが、そもそもコミュニティＦＭは「報道機関」なのか？　「自治体の広報機関」なのか？　「音楽放送媒体」なのか？　明確な位置づけがなされていないところに問題が発生すると思う。

日本コミュニティ放送協会・白石勝洋代表理事に聞く

日本コミュニティ放送協会（ＪＣＢＡ）では地域別に会員局のスタッフ研修会などを実施し、番組を通じた地域の活性化や放送の質的向上に努めている。

さまざまな規模のコミュニティＦＭが存在する中で、経営基盤の安定や防災機能の強化はＪＣＢＡにとっても喫緊の課題になっている。

ＪＣＢＡの白石勝洋代表理事にコミュニティＦＭの現状と課題について聞いた。

米村　代表理事に就任されてまもなく二年を迎えます。コミュニティＦＭが抱える課題についてはどのような認識でしょうか？

白石　私は仕事を推進する際は物事の全体像を把握する「見える化」を図ることを考えています。これまでコミュニティＦＭの「見える化」を図っていくということでやってきました。仕事は現場にあるという基本認識から、全国一一ブロックに分かれているコミュニティのうち六ブロックの現状を見て回りました。各局それぞれ自助努力は精一杯やっていることはうかがえ

ましたが、一方で自助努力だけでは及ばない課題が結構あると感じました。その課題克服には
ＪＣＢＡが組織的な共助の動きをしないと駄目だと思っています。
　私は自助と共助がなければ、公助はないと思います。公助とは国民の税金を使うわけですか
ら、住民の理解がなければ公的資金は出せません。その前提として、自助・共助というのは当
たり前の世界だと思っていますので、これをしっかりと会員局に訴えてまいりました。
　平成四年にコミュニティＦＭが制度化されて二二年経過しましたが、私は放送法でいう「コ
ミュニティとは」という定義に始まった「ＦＭ放送」の時代は変わってきたという認識をもっ
ています。コミュニティＦＭの開局にあたっては先に手を挙げた者を優先する「先願主義」に
なっていますが、今やそういう時代ではなくなってきていると思っています。

米村　コミュニティＦＭの果たす役割をどのようにお考えですか。

白石　コミュニティＦＭの制度設計の指針が地域社会の活性化です。では本当に地域社会で活
性化されているかについて冷静に検証する必要があると思います。平成二五年度は一四局の新
規開局があり、毎年一〇数局が増えています。そのような中で自治体は防災や減災に伴う情報
伝達の役割を地域密着のメディアに期待し、その対応を求め始めてきています。従ってもう一
度原点に返って「コミュニティＦＭとは何か」ということを考えると地域性、社会性、公共性、
この三つに代表されると思います。

コミュニティＦＭは地域社会に必要な装置、つまり「社会的装置」として位置付けられるべきだと私は思います。

米村　コミュニティＦＭを「社会的装置」として改めて制度設計するにしても現在の免許交付の条件が「先願主義」であれば「社会的装置」の品質が多様なものになる恐れもあると思いますが。

白石　これは私見ですが、道路などの社会資本と同じように「地域社会のソフトのシステム」として位置づける必要があります。つまりコミュニティＦＭの情報伝達のシステムは、「社会的装置」として地域社会に必要な装置として整備されるべきと考えています。

一方、全国で約三〇〇のコミュニティＦＭが本当に地域社会の活性化の役割を果たしているかという反省を我々自身もしなくてはなりません。放送免許交付における先願主義は公共の電波を公平に利用できる権利を与えるということで言えば理解できます。ただ「社会的装置」として国が住民の安全や安心のための仕組みとして位置付けるのであれば、私は先願主義だけではない、一定の免許交付の要件があっても良いと思います。

米村　「社会的装置」の具現化には経営基盤の持続的な確立や放送倫理の順守など、取り組む課題は多いですね。

白石　例えば地元の自治体と災害支援協定を結び、非常時の割り込み放送ができる体制であるかどうか、防災啓発の放送を定例化しているか、放送事故の発生状況はどうか、しっかりとした運営基盤が確立されているかなど、いくつかのものさしがあると思っています。コミュニティFMが「社会的装置」として公的な対応を望むのであれば、それなりの自分たちの責任もきちんと考えなくてはいけません。

ただ防災や減災の放送は公共性そのものです。コミュニティFMにとって一番の課題である経営基盤の脆弱性に、テコ入れの可能性が期待できる領域は公共性なのではないでしょうか。道路などの社会資本と同じような位置づけで、「社会的装置」として制度が応援してくれれば経営基盤を強化できる可能性が出てくると思います。

米村　放送法が昨年改正され、コミュニティFMは県域の放送局と同じように基幹放送事業者に位置づけられました。しかしコミュニティFMと県域の放送局では大きな経営格差があります。この現実を厳粛に見つめる必要があると思いますが。

白石　放送法ではコミュニティ放送事業者も基幹放送事業者に位置付けられています。このなかで「安全・信頼性の技術基準」面では、「新規投資を要せず対策可能な技術基準」の援用が認められていますが、万全な放送体制の整備のためにバックアップ機能の充実は喫緊の課題です。コミュニティFMが抱えている課題はハード面での環境整備ということだけでなく、一番大きな課題は年間を通して運営を維持する「経営基盤の確立」というソフト面の課題です。設備投資や更新は一時経費でしのいでいけますが、「経営」という二文字が常に重くのしかかっており、コミュニティＦＭ事業では避けて通れない大きな課題となっています。

米村　経営の厳しい現実がありますが、各地で開局が続いています。その結果、全国で三〇〇近いコミュニティＦＭが誕生しました。業界全体では年間三億円の赤字が毎年続いています。廃局したコミュニティＦＭもあります。ＪＣＢＡとしても経営の実態を具体的に集約する時期に来ているのではないでしょうか。

白石　コミュニティＦＭはすべて「経営」が大きなテーマとなっています。そのテーマの中でハード面の解決策の一つとして、今回国が財政支援措置を講じた事を歓迎しています。残された問題はソフト面です。何としても経営基盤を強化しなければなりません。そのためにはまずコミュニティＦＭの最大の特色として「地域密着型のメディアであり、これに代わるメディアはない」という確固たる信念と誇りを持つ事だと思います。

今一つはコミュニティＦＭとして真に市民権を得なければならないということです。つまり「地域性、社会性、公共性」を自覚した番組作りが地域住民の皆さんに高く評価されていなければなりません。防災、減災の立場からコミュニティＦＭの開局は今後も増加していく傾向にあります。しかし事業運営のハードルは高く、そう多くの増加は見込まれないかもしれません。それだけにネットワークの構築は不可避です。早急にこれを取り組む必要があります。ネットワークの構築が経営の改善を導くと思います。加えてコミュニティFMの放送エリアは市町村単位ではなく日頃から経済交流や文化交流がある地域、つまり定住自立圏域をコミュニティFMの一つの単位として捉えるべきです。

米村　ところで国の政策のなかで「地方創生」という視点が最近注目されています。この動きをコミュニティFMはうまく取り入れることも必要ではないかと思うのですが。

白石　国は「まち・ひと・しごと創生本部」を立ち上げました。このなかで二〇二〇年までの五カ年計画を策定して地域の活性化を目指しています。私は、「老朽化した社会資本の再構築」、「情報伝達システムの重層化と再構築」を提案したいと思っています。このなかでコミュニティFMの「社会的装置化」が実現できるように期待しています。コミュニティFMの経営の安定にはこの理念が必要です。

米村　コミュニティFMの今後のあるべき姿をどのように描いていますか。

白石　あるべき姿というより喫緊の課題として以下の四点を考えています。①放送法におけるコミュニティの定義の解釈を「隣接市町村を含めた広域コミュニティ」にする。②免許条件を強化し災害支援協定の義務化、防災啓発放送の義務化を推進する。③コミュニティFMの「社会的装置化」の実現を働きかける。④国、自治体によるハード面、ソフト面の支援制度の創設。以上が今取り組むべき課題と思っています。老朽化した社会資本の再構築にコミュニティFM

が組み込まれることを願っています。

米村　日本コミュニティ放送協会（ＪＣＢＡ）はその前身の全国コミュニティ放送協議会から発足して二〇年になります。にもかかわらずその活動は牛歩のようであると指摘する声もあります。メディアを取り巻く環境は大きく変容しているのに、ＪＣＢＡの危機意識は極めて希薄であると私自身もこれまで捉えていました。しかしこの数年、総務省や国土交通省などと協働して防災への取り組みを進めるなど、ＪＣＢＡの活動が大きく目に見える形で変わりました。是非今後もこの活動を続けて、全国のコミュニティＦＭが地域から信頼され、経営的にも安定するような施策を展開していただきたいと思います。理事の皆様のご健闘を期待いたします。また今後ともご指導をよろしくお願いいたします。

今日はお忙しいところありがとうございました。

ラジオ媒体の課題

ラジオの広告費が落ちている。電通がまとめた「日本の広告費」によるとラジオ広告費のピークは平成三年の二四〇六億円で、その後、落ち込みが続き平成二五年は一二四三億円まで縮小している。災害に強く、いつでもだれでもどこでも聞くことができるラジオは今後どこへ向かうべきなのだろうか？

ラジオ広告費の落ち込みがラジオの媒体価値の低下に拍車をかけているという指摘もある。しかし一日のメディア利用形態を考えると「朝はテレビと新聞」「夜はテレビ」であるならば、「昼間と車中と深夜はラジオ」ではないだろうか？　この特性を広告媒体として強く位置づけることも必要である。

ラジオ広告の良さはラジオさえ持っていればいつでもどこでも広告情報が入手できることにある。加えてラジオはリスナーとの親近感が強く、媒体とリスナーがお互いを信頼して番組を届けている。これにはパーソナリティーとの共生感や信頼度が大きく寄与するわけだが、かつては個性の強い人気パーソナリティーが各局に存在していた。

青森放送の伊奈かっぺい氏や中国放送の柏村武昭氏はローカル局のパーソナリティーであったが全国的な人気を誇っていた。地域で活躍する人気パーソナリティーを発掘することがラジオの媒体力強化につながると思う。

また、ラジオ業界が一緒になって媒体価値を高めるキャンペーンを展開することも重要である。例えば毎月一日を「ラジオを聞く日」として設定し、全国各地の個性あるパーソナリティーの「名トーク集の放送」や、「笑いを誘うトーク術コンテスト」などを開催し、話題を集めることで媒体価値も上がると思う。

私は三〇年間テレビの世界にいてその後ラジオに移った。ラジオの仕事を始めて一〇年になる。ラジオの長所は間違いなく「想像力」だと思う。ラジオはパーソナリティーと聴取者が想像しあうコミュニケーションメディアであると思う。

ＮＨＫの「ラジオ深夜便」は想像力をかきたてる代表的な番組であろう。昭和六三年の昭和天皇の病状悪化報道に伴い始まったこの番組では、パーソナリティーがもつ知識、経験、語彙が豊富であるにもかかわらず、控え目にトークするところが評価を高めている。

団塊の世代が高齢者となった現在、さまざまな理由で深夜のラジオが聴かれている。深夜にラジオを聴いている高齢者は、ラジオが伝える音楽や話題に孤独感を癒しているのではないだろうか？

ラジオは古いメディアとして取り扱われ、広告費ではインターネットに抜かれてしまった。にもかかわらず、コミュニティＦＭは増え続けている。経営面から判断すれば不思議な現象である。

地域のメディアとしてのコミュニティＦＭが増え続けている背景には「災害時の安心メディア」であるという理由には若干疑問が残る。なぜなら災害時に早急に必要な情報を伝達できる体制を維持しているのは一部のコミュニティＦＭだけである。記者クラブ等に加盟していないためほとんどのコミュニティFMは残念ながら伝えるべき情報を持ち得ていない。これは一部の県域FM局でも同様だ。「伝えるべき時」に伝えるのがメディアの使命である。私は県域テレビ局の報道部に在籍していた頃、常に「伝えるべき情報」と「伝えるべき時」を考えながらメディア間の競争を続けていた。

ラジオの今後の行方は不透明なままであるが、インターネットとどのような形で連携するかも課題ではないだろうか？

ラジオはインターネットとの親和性が高い。著作権の処理に関してもテレビには肖像権などの問題があるがラジオにはそれがない。だから「放送と通信の連携」がラジオの媒体力アップにつながることを忘れてはならない。

そして何よりも大事なことは放送内容の充実であり、そのためにはパーソナリティーの力量を向上させることが急務だ。

現在ラジオは長時間のワイド番組が主流になっている。番組はパーソナリティーが一人でしゃべるか、アシスタント、またはゲストやリスナーを相手にしゃべるかで構成されている。パーソナリティーは多数のリスナーに向かってしゃべっているが、聴いているリスナーは一人である。例えば番組のオープニングで「皆さん、こんにちは！」というコメントをよく聴くが、ラジオで「皆さん」という言葉はリスナーの心には届かないのではないだろうか。もしその言葉を使いたいなら「花子さん、太郎君、よしこさん、次郎さん……など名前を羅列してこんにちは！」とコメントした方がより親近感が生まれる。テレビは複数で見ているから「皆さん、こんにちは！」でよいが、ラジオは基本的には一人で聴くメディアと思う。放送で語りかけるパーソナリティーの側からは「一対不特定多数」であるが、聴いているリスナーの側からは「一対一」でラジオに向き合っているのが媒体の基本構図である。だから私は「ラジオは基本的にパーソナルなメディアである」と思う。

精神疾患の患者へ届けるラジオ番組

厚労省によると、躁うつ病や統合失調症など精神疾患のある人は全国で三二〇万人いる。このうち約三一万人が入院し、一年以上の長期入院は二〇万人、入院患者の半数以上が団塊の世代などの六五歳以上となっている。

一方、内閣府のひきこもり実態調査（平成二二年）によると、全国で約七〇万人（一五歳から三九歳）のひきこもり者がいるとされ、四〇歳以上を加えると一〇〇万人が全国でひきこもっていると推計されている。

この調査で「ふだん自宅でよくしていることは?」の問いでは一三・六%がラジオを聴くと回答。調査結果を詳しく分析した報告書で内閣府は、「ひきこもりの人は『ラジオを聴く』や『新聞を読む』が多く、『テレビを見る』は比較的少なかった」とまとめている。

精神疾患の三二〇万人、ひきこもりの一〇〇万人を合わせた約四二〇万人を対象にラジオを通じて社会との関わりを応援できないだろうか。

「元気のでる曲」や「いやしの曲」を届けることで治療や社会復帰の手助けができないだろうか。

イギリスでは「病院ラジオ」が国内各地の医療機関にあり、治療の一環としてラジオを利用している。眠れぬ夜や手術前の緊張した日に患者からのリクエスト曲や治療の体験談などを放送し、医療と放送を融合させた治療活動を進めている。

鹿児島市の精神科医・森越まやさんは、平成五年から約三年間にわたってイギリスやイタリアで精神医療の現場を見て、日本でも「病院ラジオ」の開設ができないか模索してきた。アルゼンチンのブエノスアイレスでは毎週土曜日の午後に精神科病院からラジオ局が生放送し、入院中の患者が作った詩の朗読などを放送しているという。

そもそも日本の精神医療の歴史は精神病者監護法（明治三三年）に始まり精神衛生法（昭和二五年）、精神保健法（昭和六二年）などによる改定を経て障害者基本法（平成五年）で初めて精神障がい者が福祉政策の対象として法的に定義づけされた。その後、精神保健福祉法（平成七年）、障害者自立支援法（平成一八年）を経て現在、障害者総合支援法（平成二五年）により自立訓練や就労移行支援など社会復帰のための各種の制度が施行されている。

こうしたなかで精神科の病床数は外科などを含めたすべての疾患病床数の約二一％に達している。つまり五床に一床は精神病床である（平成二四年厚労省調べ）。

「病院ラジオ」の開設は患者の治療だけではなく衰退していくラジオの復権も導くのではないだろうか。「医療と福祉とラジオ放送の融合」が社会貢献に寄与するかどうか、専門家による研究が進むことを期待したい。

仮に病気治療や社会復帰の推進につながる効果があれば、増え続ける日本の医療費や福祉関連の経費の削減にもつながると思う。

鹿児島シティエフエムの社会実験

ラジオは「想像のメディア」であり、「創造のメディア」でもある。

パーソナリティーが伝える言葉に自分なりの空間を想像したり、流れてくる音楽が元気や癒しや思い出などを創造させてくれる。

平成二二年一月から鹿児島シティエフエムでは「ラグーナのほとりで」という番組をスタートさせた。「想像のメディア」の特性を生かしたこの番組は、精神障がい者が作った詩やエッセイをパーソナリティーが朗読するもので、これまでに一〇〇を超える作品を紹介してきた。障がい者が自分たちの周りの出来事や思いを詩やエッセイに託し広く、社会に発信することで社会とのつながりが深まる。毎週水曜日午後一時前に放送する「ラグーナのほとりで」は、

発病、幻聴、不眠…赤裸々に

当事者語るラジオ

精神障害 かごしま

ラグーナ出版制作

フレンズFM 23日から放送

病気解説、入院者を激励

ラジオ番組で精神障害者（手前2人）の体験談を聞くラグーナ出版の川畑善博さん（右から2人目）＝鹿児島市下荒田1丁目の鹿児島

精神障害に関する雑誌や本を発行しているラグーナ出版（鹿児島市）は、統合失調症やうつ病を抱える当事者が体験を赤裸々に語るラジオ番組を制作し、23日から同市の鹿児島シティエフエム（フレンズFM）で放送する。病気の苦悩、家族らの支え、働く喜び…。肉声を届ける障害者らは「心の病への理解が進み、入院患者への励ましになれば」と意気込んでいる。

同FMによると、精神障害者が体験談を語るレギュラー番組は全国的にも珍しいという。

初回放送には、ラグーナ出版で働く統合失調症の男性(48)と女性(26)が出演。精神保健

不眠といった症状、入院したときの気持ちなどを話す。

番組は、同社が出版する雑誌名にちなんで「シナプスの笑い・ラジオ版」と題し、6月まで毎月第3金曜日、午後7時から30分間放送する。

毎回2人の当事者が体験を語るほか、精神科医らによる病気の解説や、障害者雇用に関するアドバイスなどを盛り込む予定。

企画に携わった鹿児島シティエフエムの米村秀司社長(65)は「障害者に勇気と元気を与え、社会復帰に少しでも寄与できれば。インターネットでも聴けるように準備を進めていきたい」と話した。

南日本新聞が報道（平成27年１月４日）

障がい者の社会復帰や生き甲斐づくりを電波を通じて支えてきた。

そして平成二七年一月から精神障がい者の体験談や精神科医による治療法とアドバイスなどを紹介する三〇分番組がスタートした。

「シナプスの笑い・ラジオ版」と名付けられたこの番組を、地元紙の南日本新聞は平成二七年一月四日の社会面で大きく報道した。

番組は鹿児島シティエフエムと鹿児島市で精神障がい者の就労支援事業を展開するラグーナ出版が共同制作するもので、平成二六年八月からテーマや番組構成などについて準備が進められた。そして同年一〇月から鹿児島シティエフエムのスタッフがラグーナ出版のスタッフへ録音、編集、ミキサーなどの技術指導をおこない、番組作りが本格的に始まった。そして番組に対する協力企業として鹿児島市内の福祉事業所、病院やクリニック、一般企業や団体などが支援した。

鹿児島市の精神保健福祉士・川畑善博さんの司会で進行するこの番組では、障がい者の赤裸々な体験談が次々に披露された。番組では精神科医の森越まやさんが精神医療についての解説を加えている。

障がい者と地域企業との相互理解が番組を通じて深まることが期待される。

番組の一部を紹介する。

体験談インタビューコーナー

出演者

【インタビュアー】川畑善博（精神保健福祉士）
【語り手】
綾　二七歳。一八歳で統合失調症を発症。二年の自宅療養を経て、ラグーナ出版に就職。現在同社で働くかたわら、小説の新人賞を受賞し、作家として執筆活動をしている。
エピンビ　四八歳。二〇代半ばに心因反応の診断を受ける。現病名は統合失調症。数年の自宅療養の後、宿泊業、博物館などの仕事を経てラグーナ出版編集部に勤務。

川畑　統合失調症は一〇代の後半に多いという解説でしたが、綾さんがこの病と診断されたのはいつでしたか。
綾　高校を卒業してすぐのときでした。
川畑　その当時はどんな性格の女性でした？
綾　うまく人に話しかけることのできない内気な性格だったと思います。
川畑　内気な性格の人はたくさんいますが、「病気」だと思って受診したきっかけは何だったんでしょうか？

綾　私は物心ついたころから精神科でいう「幻聴」があって、みんな頭の中には妖精みたいな存在がいると思っていました。

川畑　妖精ですか。精神科では「幻聴」といわれますが、それが日常の出来事だったんですね。学生時代、困ったことがありましたか。

綾　妖精がいろいろと話しかけてくるんです。それでにやにやしたり、独り言を言ってしまうことがありました。それを見た同級生から、「気持ち悪いやつ」と思われたみたいでいじめを受けていました。

川畑　妖精の声について誰かに相談しなかったんですか？

綾　そのころは「幻聴」という言葉を知りませんでしたし、当たり前のことだと思っていたので、誰かに相談しようという発想はまったくなかったですね。ところが、高校を卒業したばっかりのある朝、目が覚めたら妖精が、「お前はだめな人間だ」とか悪口を言い出したんです。

川畑　大変でしたね。

綾　それがずっと続くので、声から自分を守るためにすべてを拒絶し始めました。何も感じないように心を閉ざす、みたいな感じです。そうすることで、頭の中に響く悪口から自分を守ろうとしました。実際、すべてを拒絶するようになると現実の声もあんまり聞こえないんですよね。

川畑　先生や友だち、親の声も、ですか。

綾　そうです。完璧に自分の殻の中に閉じこもっていました。そしたら母親が「何かがおかしい」と気づいて、これは性格ではなく病気かもしれないと病院に連れていってくれました。そのころは声の攻撃に疲れ果てていて、最初の診察ではまったく一言もしゃべりませんでした。当日の記憶は少しあいまいなんですけど、でもカルテに書かれた「うつ病」の文字は今でもはっきりと覚えています。

川畑　最初の診断はうつ病だったんですね。

綾　はい。その日から通院するようになったんですが、どんどん悪化していって、三カ月後に入院ということになりました。

川畑　その時は「幻聴」の話をドクターにしましたか？

綾　いいえ。今では笑い話になるんですが、「みんな妖精とお話ししている」と信じて疑っていませんでしたから。

川畑　どうやって、幻聴が普通の人にはないと気付いたのですか？

綾　退院後に受けていた訪問看護で、看護師の方が私と話をしているときに何かを感じたみたいで、「もしかして声が聞こえてるんじゃないですか？」と訊ねてきたんです。私は「声は昔から聞こえていますよ」と、この時初めて声のことを他人に言いました。すると、「これは大変だ！」となって。お母さんは泣き出しますし、次の診察で、カルテの「うつ病」に二重線が引かれて「統合失調症」に変わりました。

川畑　なるほど。ところで、昔から内気で人に話しかけられないとのことでしたが、お母さんはよく病気だと気づきましたね。

綾　ええ。「拒絶」は性格とは違います。今思うと病気だったんだなぁ、と思います。母がこの境目を見極めて病院に連れていってくれなかったら、今ごろはどうなっていたんだろうと思います。

川畑　今はどうですか？

綾　二回目の入院のときにお薬が、がらっと変わって。そしたら妖精さんはいなくなってしまいました（笑）。

川畑　薬は重要ですね。

綾　感謝しています。

川畑　あと周囲の気づきは大きいですね。この病気は綾さんのように、本人は妖精の攻撃に抵抗するのが精一杯で、「病気」と気づきにくい。気づくのは後で、周りの存在が大切ですね。他の方々の反応はどうでしたか？

綾　仲のいい友人が一人いたんですが、私は連絡するのが怖くて二年くらい音信不通でした。

勇気を出して連絡をしたら会うことになって、その時に病気のことを打ち明けました。そしたら、「人生をかけて叶えてみせるって言ってた夢を、病気になったからって諦めるの？　そんなに簡単に諦められるような夢だったの？　あなたにならきっとできるよ」と言ってくれて、私の心に火がつきましたね。

川畑　夢って何でしたか？

綾　作家になることです。病気になったときは、本も読めないし言葉が浮かんでこないし、苦労しました。

川畑　統合失調症は「統合」が「失調」する病気といわれるように、考えをまとめることが難しくなるといわれていますが、大変でしたね。

綾　最初は一五分もパソコンに向かっていることができませんでした。でも諦めることなく、少しずつ書く時間を増やしていって、完成させたら出版社の新人賞へ投稿していました。

川畑　努力しましたね。

綾　病気になってからの最初の一作は、完成させるのに一年ほどかかりました。その後は書くスピードもどんどん速くなっていき、二年で一〇作くらい投稿したと思います。そのうちの一作が受賞したときは本当にうれしかったです。

川畑　おめでとう。周りも喜んだでしょう。

綾　私よりも家族の方が盛り上がってました。

川畑　よっぽどうれしかったんでしょう！　私も読みましたが、ファンタジー小説ですね。

綾　頭の中にいた妖精さんのおかげで、たくましい妄想力を身に付けました（笑）。小さいころから本を読んで妄想するのが大好きでしたから。また、弟が私を変えてくれました。

川畑　弟さんとは仲が良いんですか？

綾　とても。小さいころは両親共働きなうえに、祖母も働いていましたので、二人で一緒に遊ぶことが多かったです。けんかもよくしましたけど、二人とも怒りが長続きしないタイプなので何時間かしたら自然と仲直りしてました。でも、病気になってからはほとんど会話できずにいました。

川畑　どうしてですか？

綾　土地柄の影響も受けていたと思うんですけど、精神病になった自分は弟にとって恥ずかしい存在なのではないかと思い込んでいたんです。そんな弟から「姉ちゃん、ちょっと来て」と声をかけられて。久しぶりに弟の部屋に連れていかれたときには、何を言われるのかドキドキしました。

川畑　本当にドキドキしますね。

綾　はい。弟は当時バンドをやっていまして、ベッドに座ってギターを弾き始めたんです。その曲は歌詞なんか見ないでも歌える私の大好きな曲でした。気づいたら一緒に歌っていましたね。歌い終わると弟は一言、「姉ちゃんは弱虫なんかじゃないよ」と言ってくれました。普段はそういうことを言わない子なんですけど。その時はその言葉がとても胸に響いて、弟の優しさに涙が止まりませんでした。

川畑　優しい弟さんですね。その曲は何という歌ですか？

綾　アクアタイムズの「決意の朝に」です。当時の私の心を代弁しているかのような歌です。特に二番のサビがいいんです。

川畑　どんな歌詞ですか？

綾　「もう二度とほんとの笑顔を取り戻すことできないかもしれないと思う夜もあったけど、大切な人たちの温かさに支えられ、もう一度信じてみようかなと思いました」です。

川畑　よく覚えていますね。

綾　はい。今でも私の心を励まし、前を向いて生きていく勇気を与えてくれます。

川畑　今日はお話をありがとうございました。

綾　ありがとうございます。

川畑　この番組では毎回、病気で途方に暮れたときに励ましてくれた歌を紹介します。今日はアクアタイムズで「決意の朝に」。

曲が流れる―アクアタイムズ「決意の朝に」―

川畑　ではもう一人のゲスト、エピンビさん、よろしくお願いします。

エピンビ　よろしくお願いします。

川畑　「エピンビ」というペンネームは、どんな意味ですか?

エピンビ　エピデンドラムというランの花の名前をヒントにつくりました。

川畑　専門的ですね。幼いころから植物に関心があったのですか?

エピンビ　はい。物心ついたころには鉄道の趣味があり、星、切手、ランなど、図鑑を読むのが好きでした。この年になるまで熱中するものは途切れることなくあったと思います。

川畑　大学院では、ランを研究していたと聞きましたが?

エピンビ　ええ。子どものときに図鑑でランを見たとき、この花は他と違っているなと思い、興味がわきました。

川畑　違っているんですか。

エピンビ　ヒマワリなどがそうですが、真ん中を中心にして放射状に花びらがつくのが大体の花なのですが、ランは人の顔のように軸を中心にして左右対称になっています。スミレやスイートピーとも違って複雑な感じですね。

川畑　そんな違いを感じ取るってすごいですね。

エピンビ　いえいえ。そんな理由で、小学校のとき鹿児島で「エビネランブーム」があった時は、木市のラン屋さんに入りびたっていました。

川畑　物事をとことん極める性格だったんですね。

エピンビ　うーん。とことん極めるというか、好きなもので頭をいっぱいにして、空想をめぐらすのが好きだったんです。ただ、人間関係は難しかったですね。

川畑　というと？

エピンビ　空想しているとクラスで浮いちゃうんですね。空想が始まったころから、人生のボタンの掛け違いが始まったと感じていました。

川畑　空想癖と病気は関連がありますか？

エピンビ　うまく分かりませんが、病気になったときに、空想癖が病気を助長したのは確かです。

川畑　例えばどんな？

エピンビ　大学院で試験管の中で育てた植物の細胞の塊を、液体窒素の中で凍結させて、解凍して命を再生させることをやっていました。動いて生きている生命を凍結させる、そういうことが生命の根源に関わっているように思えてきて、そこから空想はだんだんと膨らんでいきました。

川畑　どんな空想ですか？

エピンビ　「世の中のどんな些細な物事の背後にも大きな宇宙がある」という思いに至り、からだの調子を崩していったのです。会社の新入社員研修の時、眠れなくなり、決定的に状態が悪くなりました。

川畑　不眠が、統合失調症の初期症状によく現れるといわれていますが、眠れなくて疲れなかったですか？

エピンビ　眠るのがもったいなくて、気分爽快を超えて宇宙までいき、高みに達した分、地獄までいっちゃうような感じです。

川畑　すごいたとえですね。

エピンビ　話し出すときりがないのですが、ざっくりまとめるとそんな感じです。

川畑　周囲の人たちは心配したでしょう？

エピンビ　会社の上司が精神科病院まで連れていってくれました。

川畑　そのときはどんな様子だったんですか？

エピンビ　あんまりよくない状態で、今なら笑えますが、病院の廊下の赤と白のパイプが赤血球と白血球を送るパイプに見え、病院世界みたいな感じで、世界全体が病院で血液を隅々に供給しているように見えました。ここは笑ってよいですよ（笑）。

エピンビ　でも当時は異様な世界を「現実」と思って生きていて、看護師さん、お医者さん、周りの人も大変だったでしょうけど、私も大変でした。今は薬があって落ち着いた生活を送っていますが、入院当初はそんな状態だったから、薬の量は多かったです。発病、入院したのが奈良で、父の判断で、短期入院で鹿児島に帰って来たのですが、帰ってきて苦労したのはよだれが止まらないことと、ものが噛めないことでした。

川畑　大変でしたね。

エピンビ　母がそれを見て、カボチャやキュウリのスープ、うどんを作ってくれて、私はそれを丸のみして、それが生きる支えでした。

川畑　優しいお母さんですね。

エピンビ　父の存在も大きかったです。この病気を機に鹿児島に帰ってきた時、父は「鹿児島に戻ってきてくれたから、いっぱい話すことができてうれしい。戻ってこなかったらこんなに話し合う機会はなかっただろう」と言ってくれました。今は亡くなっていないのですが、この言葉が支えでした。

川畑　そうですか。鹿児島の生活はどうでしたか？

エピンビ　キャリアを失ったことは悲しかったけど、好きで学んだことだから無駄にはならないと思いました。

川畑　深いですね。

エピンビ　そして大学の友達と自分の境遇を比べたり、順調にいった場合の人生のレールに自分を戻そうという悪あがきはやらないことにしました。ただ、気分が高揚したときの神秘的な体験には惹かれ続けました。その後もたまにやってくる気分の高揚感といかに向き合うかが今の私の課題です。これ以上は盛り上がったらだめだなという「心の警報装置」を経験から学びました。

川畑　心の警報装置？

エピンビ　経験からブレーキのかけ方を学びました。

川畑　悪くなる前の前兆は分かるのですね？

エピンビ　前兆はその人なりにきっとありますから、そのときの対処をしっかり持つことができるようになれば、この病気は再発しないと思います。

川畑　力強い言葉ですね。さて、エピンビさんは約五年の療養生活の後、一般企業で仕事をされましたが、きっかけは何だったんですか。

エピンビ　自宅で療養していたときに、いろんな外国語に親しもうというようなサークルに入っていて、広島でアジア大会があったときに、語学ボランティアで参加しました。大会中、バングラディシュ選手団の人たちに会いました。ベンガル語をほんのちょっと知っていたので、「アプニキー、ベンガリ、アミ、ジャパニ（あなたはベンガル人ですか？　私は日本人です）」と言ったら、バングラディシュの人たちが日本に来てはじめてベンガル語で話しかけてもらったといって喜んでくれました。人とのつながりでいいますと、私には恩師がいて、療養中はよくその先生と会っていました。

川畑　どんなつながりですか？

エピンビ　先生は明治生まれの人で、姉の短大のゼミの先生だったのですが、小学校五年のときにハイキングに連れていってくれて、シュンランやエビネなどハイキングの道すがら、山の花について教えてくれました。

川畑　久しぶりに会ってどうでした？

エピンビ　いろいろ私に言いたいことがあったとは思いますが、あまり話さず、先生のライフヒストリーを繰り返し語ってくれました。ただ、「人形芝居のような人生はないよ」とそっと言ってくれました。

川畑　明治、大正、昭和と激動の時代を生きた人の言葉だから重みがありますね。

エピンビ　ある日、その先生から弱々しい字で手紙が来て、死期が近いと感じて、これではいけない、仕事をしようと思ったんです。大急ぎで仕事を決めて報告に行ったら、先生、身体も動かなくて、話もできなくなっていました。私が「就職しました」と言ったら、先生は黙ってコクリとうなづいてくれました。それが先生との別れの場面でした。その姿が私の原点になっています。

川畑　心を打つ話をありがとうございます。さて、番組も終わりにさしかかりましたが、この病気だなと思ったときは、どうして欲しかったですか。まず綾さん。

綾　家に引きこもっていた時、祖母の存在はとても大きかったです。声との闘いで疲れ、不安でさびしかったとき、「誰かにそばにいてほしい」と思ってました。私の家は三世代で暮らしていたので、日中は家に祖母がいて、祖母の部屋に入り浸っていました。当時、祖母は病気のことなんて何も知らなかったのに、ずっと家にいる私に「働きに行きなさい」とか焦らせるようなことは何一つ言いませんでした。なので、私も安心して祖母のそばにいることができました。

川畑　いいおばあさんですね。

綾　おかげでずいぶんと仲良くなりました。今でも、一緒にカラオケに行ったり、ゲームセンターに行ったりしてます。お母さんからは「お友達みたい」とよく言われます（笑）。そんな感じなので、祖母は「孫のなかでお前がいちばんかわいい」と言ってくれます。

川畑　エピンビさんは？

エピンビ　私は、病院に担ぎ込まれる前から問題を抱えていると薄々とは感じ、カウンセリングの本ばかり読んでいました。でも、自分の弱さを自分で認めることができなかったので大学の保健管理センターなどで相談するという発想はありませんでした。本は読みましたが、青年期が病気になりやすい時期とは知りませんでした。学校教育の中でちょっとでも精神保健の知識を習う機会があればよかったなと思いました。

川畑　ラジオを通して、「障がいがあっても生きやすい社会」ができるよう発信していきましょう。

一同　はい。

川畑　最後に、入院中のベッドでたくさんの患者さんが聴いていると思います。私が病院の精神科で働いている時、多くの患者さんがラジオを聴いていました。眠れない患者さんはラジオをイヤホンで聴きながら眠りについていています。その時に私は眠りが長く続くようにボリュームを下げて、イヤホンを外したことを覚えています。では綾さん、メッセージをお願いします。

綾　私も二回ほど入院を経験しました。鉄格子から外を見ていると、自分はこの世界に生きていいのかと自信を失いました。でも、家族や友達、同じ入院患者さんたちに励まされ、生きていく自信を取り戻しました。自分に自信を持つことが、これから先、堂々と胸を張って生きていくための支えとなってくれるはずだと私は思います。

エピンビ　二回目の入院の時なのですが、入院生活は社会の裏側にも見えましたし、船旅のようにも見えたときもあります。船旅に見立てたのはそう思うことで自分を慰めようと思ったことと、病院の中には独特の暖かい世界もあったような気が私にはしたからです。病院の中ではありますが、作業療法の時にアサガオの切り絵を作って、看護婦さんにあげたりしました。今思い返せばそういう時間も大事な時間だったなと思います。

川畑　今日は貴重な体験を話していただき、ありがとうございました。

鹿児島シティエフエムはラジオ番組を通じて、精神障がい者の社会復帰を後押しする取り組みを今後も続けていきたいと考えている。そして、ラジオが障がい者と社会との橋渡し役になることを期待している。

時代が求めるメディアへ

県域ＦＭ局やコミュニティＦＭは取材スタッフを持たないが、リスナーの情報をもとに災害時のさまざまな情報を伝達することができる。ただし、そのためには日頃からラジオを聴く習慣を作る必要があり、弱者に寄り添った個性あるパーソナリティーの育成が急務である。

例えば東日本大震災の直後に「がれき」という表現に対して抵抗を感じた人は、私だけではなかったと思う。思い出がいっぱい詰まった財産を「がれき」という言葉で伝えるパーソナリティーには嫌悪感を覚えた。国語辞典には「がれき」という意味は「つまらないもの」と書かれている。放送は「話し言葉のジャーナリズム」だが、伝える人の無神経さには驚くばかりだった。被災地では家族の写真や思い出の品を探す姿が次々に報道されていたが、少なくとも震災発生から三カ月間ぐらいはこの言葉は避けるべきであったと私は思う。

パーソナリティーはリスナーへ語り掛けるときの距離感に細心の注意を払うべきである。強いアピールコメントは熱烈なファンには共感を与えるが、一般のリスナーには辟易感を与え、嫌悪されると思う。

東日本大震災では新聞、テレビ、ラジオ、インターネットが主な媒体として被災地の情報を伝えたが、注目されたのはラジオとインターネットであった。その理由は速報性に起因している。ラジオはリスナーからの情報を即、電波に乗せることが可能である。さらにその情報は別なリスナーの反応を誘い、情報が複層化される。このラジオの特性を生かすことが今後、メディアとして生き残れる道かもしれない。

メディアを取り巻く環境は今、大きく変わろうとしている。こうしたなかでラジオが生き残るにはパーソナリティーの感情が伝わる個性ある放送ジャーナリズムを作る必要がある。その感情はリスナーと共有できる感情でなければならない。

テレビは客観報道主義でかつては無個性のジャーナリズムであったが、今は個性あるキャスターや解説者がさまざまな発言をして人気を集めている。

ラジオはテレビ以上に個性を強めることで復権するのではないだろうか？

かつてラジオのリスナーは一〇代から三〇代前半ぐらいまでといわれてきたが、団塊の世代が高齢化した今、中高年が聴きたくなるような番組が放送されればさらにラジオの復権を導くと思う。

高齢社会のなかでラジオはこれからどう変わっていくべきなのか？

「番組ターゲットの特化」、「斬新な番組制作手法の研究」、「パーソナリティーの表現力強化」、「災害時の放送体制の整備」、「財務の改善」など課題は山積している。

ラジオが「消えゆくメディア」にならないようにするために、「ラジオの大改革」に残された時間は少ない。

あとがき

ザ・フォーク・クルセダーズの「イムジン河」や「帰って来たヨッパライ」を深夜放送のラジオで聴いていたのは、確か七〇年安保の前年頃だったと思う。

ザ・フォーク・クルセダーズのはしだのりひこ、「山谷ブルース」や「友よ」を大ヒットさせた岡林信康らは、京都の同志社から全国へフォークソングを広げていった。

その媒体はまさしくラジオだった。

関西で人気の深夜番組「ヤングタウン（毎日放送）」や「ヤングリクエスト（朝日放送）」から流れるこれらの歌は、全共闘運動で揺れる社会の格好の癒しにもなった。

北朝鮮のプロパガンダ曲でもあった「イムジン河」が突然放送禁止曲に指定されラジオから消えたことに、多くの学生が憤りを覚える時代だった。

ラジオの電波は多くの歌声を全国へ届け、なかでもフォークソングは全共闘運動や反戦運動のツールとしても利用されていた。

東京でもニッポン放送の「オールナイトニッポン」が確実に若者の心を捉えていた。

この時代はもちろんテレビもあったわけだが、ラジオは「若者の心の支えや癒し」として存在し、パーソナリティーが語り掛けるひとつひとつの言葉に共感し、連帯した。学生が社会を動かす媒体として、そこにラジオがあった。ラジオと若者は「恋人同士のような心の共同体」であった。

私がラジオに熱中していた頃から五〇年。

東日本大震災でラジオは災害時の有効なメディアとして評価されたが、まだまだ「ラジオの復権」までには至っていない。

インターネットをはじめさまざまなメディアが登場し、「ラジオは消えゆくメディアになるのでは……」と心配する声も聞く。

一九七〇年前後にラジオを聴いていた団塊世代がすでに六五歳を過ぎ、日本は高齢社会に入った。テレビから離れ、一人暮らしでラジオを聴く高齢者に対してパーソナリティーが真剣に向き合うようになれば、私たちを取り巻くラジオメディアの環境もすこし変わりそうな気がする。

そこに「ラジオの復権がある」と信じて私は今日も番組を送り出している。

主要参考文献ほか

総務省「放送ネットワークの強靭化に関する検討会」第四回会合資料　平成二五年二月二七日

内閣府「ひきこもりに関する実態調査報告書」平成二二年七月

西宮市第三セクター等経営検討委員会「西宮コミュニティ放送に関する報告書」平成二四年一月

『サンデー毎日』大正一四年三月二九日号「ラヂオを聴くには」

『東京朝日新聞』大正一四年八月一四日「ラヂオ文明」

『東京朝日新聞』大正一四年八月一五日「富士山上のラヂオ試験」

『オール讀物号（現・オール讀物）』昭和六年八月号「早慶大決勝戦記」

『放送文化』昭和二一年六月号（第一巻一号）～昭和二四年八月号（第四巻六号）

『文研月報』昭和三三年三月「ラジオ放送の生きる道」

『大正及び大正人』昭和五四年七月号「ラジオの夜明け」

『文研月報』昭和五七年二月「早慶戦と松内則三①～④」

『文研月報』昭和五七年二月「昭和初期のアナウンサーとアナウンスメント」

『昭和放送史』平成二年三月　日本放送出版協会

『はこだて財界』平成五年二月号

『放送研究と調査』平成七年三月号「二〇世紀放送史・民放ラジオ出願の夢とロマン」

『放送研究と調査』平成七年六月「二〇世紀放送史・放送検閲をめぐる占領軍のダブルチェック」

「阪神大震災とラジオ」日本民間放送連盟　平成七年

『放送文化』平成一二年一〇月号～平成一二年一二月号「ラジオ伝説」

「日本コミュニティ放送協会一〇年史」平成一六年　日本コミュニティ放送協会
『望星』平成一六年三月号「新・ラジオの魅力」
『新聞研究』平成一七年七月号「現代に通じるラジオの原点とは」
『地域開発』平成一七年一〇月号　ｖｏｌ．四九三「地域とコミュニティメディア」
『企業と広告』平成一八年八月「ラジオ媒体再発見」
『西日本新聞』平成二〇年五月八日
『エルネオス』平成二三年四月号「経営難にあえぐラジオ局は再生するか」
「月刊ラジオライフ」平成二三年
『放送技術』平成二四年三月号
「日本の広告費二〇一三」平成二五年　株式会社電通
『朝日新聞』平成二六年一月二四日「ＦＭ再建最後の詰め」
『ブルータス』平成二六年三月号「なにしろラジオが好きなもので」
『電通報』平成二六年五月一九日号
『週刊東洋経済』平成二六年六月二一日号
「ラジオ記者、走る」清水克彦　新潮社
「ラジオの教科書」花輪如一　データーハウス
「戦争・ラジオ・記憶」貴志俊彦・川島真・孫　安石　勉　誠出版
「災害報道」三枝博行ほか共著　晃洋書房
「眠れぬ夜のラジオ深夜便」宇田川清江　新潮新書

「英国コミュニティメディアの現在」松浦さと子　朱鷺書房
「ラジオを語ろう」岩波ブックレットNo.五五〇　岩波書店

参考ホームページ

エフエム高知／エフエム石川／西宮コミュニティ放送／エフエム世田谷／エフエム宝塚／コミュニティエフエムはまなす／エフエム新津／エフエムみしま・かんなみ／おおたコミュニティ放送／エフエムあやべ／エフエムむさしの／FMいるか　他

協力

牧真之介公認会計士事務所（東京都千代田区麹町1丁目）代表・公認会計士　牧真之介

■著者略歴

米村秀司（よねむら・しゅうじ）

1949年生まれ。
1971年３月　同志社大学卒
1971年４月　ＫＴＳ鹿児島テレビ放送入社
報道部長、編成業務局長、企画開発局長などを経て現在、鹿児島シティエフエム代表取締役社長
1999年４月　ローマ法王ヨハネパウロ２世に特別謁見

【主な著書等】
「テレビ対談・さつま八面鏡」鹿児島テレビ放送（編・著）1979年10月
「欽ちゃんの全日本仮装大賞」日本テレビ放送網（共・編）1983年９月
「博学紀行・鹿児島県」福武書店（共著）1983年11月
「スペインと日本」行路社（共著）2003年３月
「消えた学院」ラグーナ出版　2011年７月
「ラジオは君を救ったか？」ラグーナ出版　2012年６月

岐路に立つラジオ
―コミュニティＦＭの行方―

二〇一五年五月十五日　第一刷発行

著　者　米村秀司
（鹿児島シティエフエム㈱　代表取締役社長）

発行者　川畑善博
発行所　株式会社　ラグーナ出版
〒八九〇-〇〇五三
鹿児島市中央町一〇番地
電話　〇九九-二一九-九七五〇
URL http://www.lagunapublishing.co.jp/
e-mail info@lagunapublishing.co.jp

印刷・製本　シナノ書籍印刷株式会社
定価はカバーに表示しています
乱丁・落丁はお取り替えします
ISBN978-4-904380-41-3　C0036